U0313105

首批国家级一流本科专业建设教材·土木工程

"本研贯通、学科融通、产学相通、国际互通"人才培养系列教材

智能岩土工程导论

刘开云　著

北京交通大学出版社

·北京·

内 容 简 介

人工智能的兴起为岩土力学研究提供了全新的思维方式和研究方法，作者结合自己和课题组研究生约 20 年来在相关领域的研究实践，撰写了本书。全书共 6 章，分别为绪论、群智能仿生优化算法、人工神经网络算法、支持向量机算法及其在岩土工程领域的应用、高斯过程算法及其在岩土工程中的应用、人工智能技术在岩土工程中的综合应用——公路隧道施工智能辅助决策系统的开发。

本书可供高等院校土木工程相关专业教学使用，也可作为研究生教学参考用书。

图书在版编目（CIP）数据

智能岩土工程导论 / 刘开云著. —北京：北京交通大学出版社，2023.5
（2024.8 重印）

ISBN 978-7-5121-5005-8

Ⅰ. ① 智… Ⅱ. ① 刘… Ⅲ. ① 智能技术－应用－岩土工程－研究 Ⅳ. ① TU4-39

中国国家版本馆 CIP 数据核字（2023）第 105082 号

智能岩土工程导论
ZHINENG YANTU GONGCHENG DAOLUN

策划编辑：刘 辉　　责任编辑：刘 蕊
出版发行：北京交通大学出版社　　电话：010-51686414　　http://www.bjtup.com.cn
地　　址：北京市海淀区高梁桥斜街 44 号　　邮编：100044
印　刷　者：北京虎彩文化传播有限公司
经　　销：全国新华书店
开　　本：170 mm×235 mm　　印张：12.375　　字数：196 千字
版 印 次：2023 年 5 月第 1 版　　2024 年 8 月第 2 次印刷
定　　价：46.00 元

本书如有质量问题，请向北京交通大学出版社质监组反映。
投诉电话：010-51686043，51686008；传真：010-62225406；E-mail：press@bjtu.edu.cn。

前　言

随着国民经济持续稳定发展和"一带一路"战略的实施，各类基础建设工程，如高速公路、高速铁路、地铁、港口、机场、水利电力工程、矿山、电厂及高层建筑等，正以前所未有的速度在全国和"一带一路"沿线国家兴建。同时，随着世界能源工业战略的演化，国家战略性能源储备、高放射性核废料永久性处置、城市有毒有害固体废弃物的储存、城市地下空间及沿海海岸工程的开发与利用，也将进入国家总体规划。世界上矿山与石油开采已进入超深度（矿山开采深度近 4 000 m，石油开采深度已达 10 000 m），类型日益增多、规模日益加大、难度日益增加，这给广大岩土工程师既带来了新的机遇，同时也带来了严峻的挑战。这些机遇与挑战迫切要求新一代岩土工程师进一步完善和发展岩土力学的理论和分析方法，以创新性思维应对岩土工程新的挑战，以保证工程的安全、经济、合理。

"参数难确定"和"模型给不准"已成为岩土力学理论分析和数值模拟的"瓶颈"问题。诚如孙钧院士所言："不敢断言，在将来，岩石力学这种目前的研究方法是否会对这样一类问题的研究有新的突破，至少在今天还不可能将这一类问题的研究提高到一个新的高度。"为此需要另辟蹊径。

人工智能在本世纪初的兴起，为我们提供了全新的思维方式和研究方法，为突破岩土力学的确定性研究方法提供了强有力的理论基础。当今的时代是知识经济的时代，知识创新是民族的灵魂，为顺应新形势，结合国家提出的"中国智造 2025"发展战略，岩土工程学科也顺势进入智能建造时代。

为顺应新形势下高等教育发展的需要，学校提出了"本研贯通、学科融通、产学相通、国际互通"的人才培养模式，受学校委派，作者结合自己和课题组研究生约 20 年来在相关领域的研究实践，攥写了《智能岩土工程导论》一书。全书共 6 章，第 1 章主要介绍了智能岩土力学产生的背景，第 2 章主要介绍了近些年兴起的群智能仿生优化算法，第 3 章主要介绍人工神经网络算法，第 4 章主要介绍支持向量机算法及其在岩土工程领域的应用，第 5 章介绍高斯过程算法及其在岩土工程中的应用，第 6 章系统介绍课题组开发的一种公路隧道施工智能辅助决策系统。

成书至此，我要感谢课题组研究生在相关领域做出的贡献，如徐冲博士（第 2 章、第 5 章）、方昱博士（第 3 章、第 6 章）、宋威硕士（第 2 章、第 4 章）以及所有参考文献的作者，张勇博士为本书相关程序的开发也做出了极大贡献，感谢研究生朱嵘、李云龙、赵存颢为本书的编辑排版做出很多工作。同时，感谢北京交通大学出版社的编辑老师不辞劳苦，一遍遍拔冗审阅修改书稿！

智能岩土工程博大精深，由于作者水平有限，书中难免有不妥之处，欢迎广大读者朋友批评指正。

本书可供高等院校土木工程相关专业教学使用，也可作为研究生教学参考用书。

作者

2023 年 4 月

目　　录

1

绪 论

1.1 智能岩土力学产生的背景

1.1.1 岩土工程面临的新形势

随着国民经济持续稳定的发展，各类岩土工程如高速公路、铁路隧道、大型水利电力工程、高层建筑等，正以前所未有的速度在全国兴建。同时，随着世界能源工业战略的演化，国家战略性能源储备、高放射性核废料永久性处置、城市有毒有害固体废弃物的储存、城市地下空间及沿海海岸工程的开发与利用，也将列入国家总体规划。例如，三峡工程永久性船闸为五级船闸，整个闸室段均在山体内开挖，开挖后形成长 1 617 m 的左线船闸北坡和右线船闸南坡两大高边坡，闸室段最大深度达 174.5 m，开挖后北坡最大高度为 137.8 m，南坡最大高度为 157.8 m，中隔墩两侧坡高一般为 50 m，最高处达 70 m。永久性船闸高边坡作为深挖岩质边坡，在国内外罕见。在石油开采领域，目前石油开采深度已达 10 000 m 以上。在矿业领域，南非许多矿山的开采深度已超过 3 000 m，计划延伸到 4 500～5 000 m。我国的许多露天矿已转为深凹开采，一些特大型矿山的设计最大开采深度达 500～700 m。对于地下矿山，如红透山铜矿、狮子山铜矿的开采深度达 1 000 m 以上。日益增加、加大、加深的岩土工程给岩土力学研究带来了新的机遇，同时也带来了严峻的挑战。这些机遇与挑战迫切要求我们进一步完善和发展岩土力学的理论和分析方法，使岩体（土）介质在复杂的环境中的力学特性得到更加深入的认识，以保证工程的安全、经济、合理。然而，由于岩体（土）介质的复杂性，有许多根本性的问题并没有得到解决。

1.1.2 以固体力学为基础发展起来的岩土力学面临的困难

岩土力学是一门既富有理论内涵又极具工程实践性的发展中的学科。数十年来，它沿用材料力学、弹塑黏性理论等传统科学为基础的确定性求解方法，对于一些问题并未达到恰如人意的解答效果。这是因为以下问题的存在。

1. 岩土力学面对的是"数据是有限的"的问题[1]

岩土力学面对的问题是"数据是有限的"，Detournay 等于 1993 年提出不仅赋予模型的基本参数（如原岩应力、材料性能等）很难准确地获取，能对过程的演化提供一些重要的反馈信息或者能校正模型的测量也很少。在现阶段，由于"参数难确定"，我们未能获得足够的数据用于理论分析和数值模拟。"数据是有限的"已成为岩土力学理论分析和数值模拟的一个"瓶颈"问题。

2. 许多岩土力学与工程问题的破坏机理是不清楚的[1]

自然界中岩土体被各种构造形迹（如断层、节理、层理、破碎带等）切割成既连续又不连续的地质体，随切割程度的不同，形成松散体—弱面体—连续体的一个序列，这一岩土体序列要比迄今为止被人类所熟知的任何工程材料都复杂，它几乎到处都在变化着。因此，岩土体的变形破坏特征是极其复杂的，且多半是高度非线性的，岩土力学问题多具有病态结构，研究对象也在不断地变化，很难找到一种精确的算法进行求解。在目前的条件下，人类对岩土在复杂条件下的变形破坏机理的了解可以说是很少的。正因为如此，许多岩土力学过程的数学描述要么是不存在的，要么是弱的或者是不完全的，更糟的是，没有任何可以被广泛接受的概念模型。所以，人们在理论分析和数值模拟岩土力学问题时，经常不得不在特定条件下进行假设，套用已有的理论和定理进行处理，致使分析结果常常与实际出入很大。如果认为输入参数、边界条件、几何方程和平衡方程是基本符合实际的，那么在对计算结果影响很大的岩土本构模型的给定上却带有相当程度的盲目性。对真实岩土本构模型的研究尚不完善，何况还涉及对目前各种假定下得到的本构模型的选择。与"数据是有限的"这一问题一样，"许多岩土力学与工程问题的破坏机是不清楚的"，从而导致"模型给不准"，也已成为岩土力学理论分析和数值模拟的另一个"瓶颈"问题。因此，要进一步提高计算的可靠性，就必须解决输入的参数和本构模型的准确性识别问题。

3. 岩土力学与工程中存在大量的不确定性[2]

岩土体是一种不确定性系统，岩土力学与工程中既存在客观上的不确定性，又存在主观上的不确定性。这种不确定性包括随机性、模糊性、信息的不完全性和信息处理的不确切性。对于客观上的不确定性，主要有载荷环境的初始应力场、介质地质环境的岩性参数、不同施工环境与条件等。孙钧于1998 年提出，客观上的这些不确定性，加上对岩土体变形破坏机理认识不清，导致了对岩土力学分析和模拟的主观上的不确定性，如计算模型的建立、计算参数的选取、计算的假定、计算简化、计算图式、信息描述、测量精度，以及设计施工数据与信息不足等。

既然岩土工程问题都带有不确定性，对许多全局性、综合性的问题都要求做出系统分析，那么如果在吸取已有知识、数据、经验、人脑思维的优点等重要方面仍沿用确定性方法进行处理，显然有极大的局限性。

1.1.3　人工智能的作用

人具有很好的综合判断能力，人能运用自己所积累的知识、经验进行综合分析与工程决策。正因为如此，目前的许多岩土工程问题，即使是在做了大量的计算和分析之后，仍然要依靠工程经验进行决策。很多工程设计是靠专家经验的类比做出的。专家在错综复杂的情况下能够做出正确判断，是一种人的智能行为，是专家拥有丰富的知识、经验和聪明才智的集中体现。专家在查看岩土工程时，有时可以根据他所观察到的现象和岩土体暴露面的节理裂隙分布特征和状态等做出会不会塌方等类似的判断。这是一种形象思维过程，运用自己所积累的直觉知识，很快地做出决定。这种直觉知识在工程决策中起着非常重要的作用。但是，这种专家的直觉知识是不易用传统的数学模型进行表达的。由于缺乏高效率的推理工具与系统的组织，因而直觉知识和专家经验未在理论分析和数值模拟中得到充分的应用。如何在岩土力学理论分析和数值模拟中，充分利用专家的直觉知识、逻辑类比经验知识进行工程决策，如何充分利用专家的思维方式进行问题求解，如何充分发掘蕴含于大量工程实例中的规律等，这些都是亟待解决的问题。另外，单个人的智能、知识与经验有时不可避免地带有片面性，专家群的集体智能可以克服个人智能的片面性。因此如何模拟专家群的集体智能及他们之间的协同工作机制等也是一个十分重要的课题。人工智能等新兴学科的兴起为这些课题提供了科学的研究方法。专家系统可以模拟人类专家的抽象思维知识，神经网络可以模拟人类的形象思维经验和直觉知识，遗传算法和进化计算可以模拟自然选择和生物进化的机制。建立综合集成智能系统，可以充分发挥人的智能和人工智能的优越性，借助计算机来综合处理专家群的定性知识及大量专家提供的论断，经过加工处理，上升到定量的认识。

1.1.4 思维方式的转变

从思维方式上看，传统的岩土力学分析方法，不论是理论分析还是数值方法都是一种正向思维，即从事物的必然性出发，根据试验建立模型、处理本构关系，在特定有限条件下求解。这反映在参数的研究上就是取样、设计试验、测定、结果分析；反映在模型的研究上就是根据已有的公理、定理和理论，再加上特定条件下的假设，通过推演得到结果。正向分析要求数据充分、准确。我们不敢断言，在将来，这种传统的方法是否会对这样一类问题的研究有新的突破，但至少在今天还不可能将这一类问题的研究提高到一个新的高度[1]。

20 世纪 70 年代发展起来的位移反分析法是一种逆向思维。它以实测的位移值为依据通过反演求出岩土力学参数和初始地应力，从而开辟了岩土力学参数和初始地应力研究的新途径。将反分析得到的参数作为同一模型下正分析的输入参数，可以大大提高分析结果的可靠性，因而受到了工程界的普遍赞誉和欢迎。但参数反演并未解决如何辨识与确定合理的模型问题。

20 世纪 90 年代以来，人们注意到了信息时代新的思维方式应用于岩土力学行为模拟的优越性。于学馥于 1991 年在他的专著《信息时代岩土力学与采矿计算初步》中详细地阐明了这一新思想。李世辉于 1991 年应用系统科学的分析方法探讨了隧道围岩的稳定性。冯夏庭于 1991 年在博士论文中针对矿山巷道设计和稳定性分析的特殊性，用信息时代新的思维方式，提出了一种基于知识的闭环系统模型，在 1997 年又提出了实现岩土力学研究突破的关键是实现思维方式的变革。

系统思维主张从系统的角度研究问题，即把所研究的问题看成一个复杂的巨系统，强调组成系统的单元和系统整体的联系和区别，从系统的全过程进行研究，通过不断调整，自适应地完成复杂问题的求解。

反馈思维主张从信息反馈的角度进行研究。岩土力学问题中系统本身的某些状态可能是不清楚的，但其过程是可以控制的，通过反馈可以实现系统的稳定性、平衡态的转变和系统的最优控制。通过测量系统的输出状态可以推知系统的输入状态。

全方位思维主张从信息的全面角度研究问题。它要求从不同的途径探索解决问题的方法。这就需要多学科交叉、渗透，发展新的更加完善的岩土力学理论，以攻克岩土力学难关。

人脑思维有很多优点，如人脑能进行形象思维、抽象思维、感知思维和灵感思维等。形象思维主要是用典型化的方法进行概括，并用形象材料来思维。形象思维与神经机制的连接论相适应，可以高度并行处理。联想记忆、模式识别、图像加工等都是属于这个范畴。抽象思维是一种基于抽象概念的思维方式，通过符号信息处理进行思维，物理符号系统是抽象思维的基础。人的思维过程中，"注意"发挥重要作用，"注意"使思维活动有一定的方向和集中，保证人能及时反映客观事物及其变化，使人能很快地适应周围环境。人在数据含有噪声、信息不全等情况下能得出正确的决策的事例也不乏其数。

由传统思维方式在解决模型选择与参数输入上的局限性及信息时代思维方式的转变真正涉及问题的实质可以看出，解决问题的关键是要进行思维方式的转变，即采用全方位的系统思维、不确定性思维与逆向思维，充分利用人脑思维固有的优点，进行抽象思维和形象思维的模拟，以取得的参数进行分析和推理，并与计算相结合，实现从定性到定量的综合集成，这是解决问题的正确途径[1]。

1.2　智能科学的若干基本理论

岩土工程面对和处理的对象是在经历一定地质活动后具有各种结构及构

造形迹的局部连续、宏观不连续地质体，同时，其赋存环境往往伴生着多场、多相的地质与工程条件相互耦合作用。因此，这种特殊性决定了岩土工程是一类具有随机性、模糊性、信息不完整性等客观特征的多尺度、高维的复杂非线性系统。

在通过数学（力学）模型及数据信息挖掘等手段认识和处理岩土工程问题的过程中，因原始（现场）数据信息的半病态性、不确定性、突变性造成的数据不准与有限制约着对这一非线性系统的信息反馈和模型校正。时至今日，我们对于复杂条件下的岩体变形破坏机理仍然知之甚少，故而很难找到一种精确的数学描述对工程岩体问题的产生、演化、发展进行求解。这导致数学模型描述要么不存在，要么不完整或不准确。所以，人们在理论分析和数值模拟岩体力学问题时，经常不得不在特定条件下进行假设，套用已有的理论和定理进行处理，致使分析结果常常与实际出入较大。

于学馥于 1997 年将岩土力学理论及技术研究归纳为时间不可逆、多层次子系统与非线性、不确定性初值三个核心问题。由此构成了该领域非确定性问题的主要特征。因此，传统岩土力学研究方法中的实验法、解析法及数值仿真方法均面临着不同程度的挑战及不适应性。实验法无法回避"尺寸效应"的影响，且为研究某一特定对象而开发的实验设备往往非常昂贵；解析法力求把非线性简化，做线性处理，用局部线性代替非线性，这实质上是排除了岩土体开挖过程中的非线性之间的间断性、自组织性、演化性、多值性与分叉的特点；数值仿真方法尽管通过数值迭代无限接近真实解，但岩体本构模型自身特有的局限性及参数不准确等特征限制了该方法的应用空间。由此看来，单一的方法均无法适应和满足人们对岩土工程问题的认识及改造，新的或复合型方法应该是简化处理非主要性的问题，是更具科学性的简化，而绝非把时间不可逆、动态过程及其他非线性特征简化掉[1]。

1.3 人工智能技术在岩土工程中的应用

上节已经讲到，岩土工程问题常带有非确定性，在需要对许多全局性、综合性问题做出系统分析时，如果在吸取已有知识、数据、经验等重要方面仍然采用传统的确定性方法进行处理，显然具有极大的局限性，甚至完全无能为力。值得庆幸的是，人工智能（artificial intelligence，AI）等新兴学科的发展给人们带来了思维上的转变。20 世纪 90 年代，人们逐渐意识到将信息时代的新思维方式应用于岩土力学行为模拟时具有独特的优越性。李世辉于 1991 年提出应用系统学科的分析方法来探讨隧道围岩稳定性；同年，冯夏庭在其博士论文中针对矿山巷道设计和稳定性分析的特殊性，提出一种基于知识的闭环封闭模型，接着又在 1997 年提出了实现岩石力学研究突破的关键是实现思维方式变革的论断。

简单地讲，人工智能就是从事将机器发展为可控的具有类似于人类智能的技术研究。而让机器具有类似人类的学习能力——机器学习（machine learning，ML）则是人工智能的关键。在机器学习方法研究中，除了以专家系统、机器定理证明、问题求解器为代表的基于知识学习方法外，统计机器学习研究是该领域的另一项重要内容，它是基于数据的问题求解方法，主要包括人工神经网络、Bayes 网络、正则化网络（regularization networks，RN）、统计信号处理（statistical signal processing，SSP），统计学习理论（statistical learning theory，SLT），以及最近提出的核机器学习方法（kernel machines，KM）和一些基于知识发现和数据挖掘的机器学习方法。为了对统计机器学习有一个全面的认识，结合岩土工程问题，下面分别以人工神经网络（artificial neural network，ANN）、支持向量机（support vector machine，SVM）、高斯过程（gaussian process，GP）为代表，回顾和总结这几种方法在岩土工程中的发展情况，以此来拓展这些方法的应用场景及领域。

作为具有代表性的一种新兴人工智能学科分支——人工神经网络的研究始于 20 世纪 40 年代，心理学家 McCulloch 和数学家 Pits 合作提出了形式神经元的数学模型，奠定了神经网络的理论基础。它是基于模仿生物大脑的结构和功能构成的一种信息处理系统，由多个非常简单的处理单元彼此按某种方式相互联系，靠系统自身的状态对外部输入信息的动态响应来处理信息。简单地讲，它将人脑的不确定性思维、反馈思维和系统思维的优点引入算法程序中，在自学习、非线性动态处理、自适应识别方面显示出强大的生命力。然而，直到 20 世纪 80 年代末期该方法才在土木工程中得到应用。在国内，1986 年，北方交通大学的张清教授将该方法引入岩石力学与岩石工程并成功地进行岩土工程参数重要性分析及岩石力学行为的预测研究。冯夏庭等在 1999 年利用数值模拟与神经网络相结合进行位移反分析。利用神经网络模拟有限元计算过程，不仅可以提高反分析计算的精度，同时还可以提高计算效率，同年，冯夏庭又提出位移反分析的进化神经网络反分析方法，利用了神经网络的非线性映射、网络推理和预测能力，同时又应用了遗传算法的全局优化特性，即用遗传算法搜索最佳神经网络结构，以此建立岩土参数与位移的隐式函数关系，实现岩土材料的本构表达及参数辨识。随后，以东北大学、中科院武汉岩土力学所、河海大学为代表的大批学者及团队更是扩展了此种方法在桩基、基坑、边坡工程等领域的应用研究，并做出了卓有成效的学术贡献。

Vapnik 等人于 1968—1989 年提出并论证的 VC 维概念、泛函空间大数定理及结构风险最小化准则等理论丰富和补充了统计学习理论对有限小样本情况下机器学习问题的理论基础。由此揭开了支持向量机算法在模式识别、回归及分类分析等方面研究的序幕。该算法基于结构风险最小化原则，综合了统计学习、机器学习和神经网络等方面的技术，较好地解决了以往的小样本、非线性、过学习、高维数、局部极小点等实际问题，有效地提高了算法泛化能力，具有良好的潜在应用价值和发展前景。目前，统计学习理论和支持向量机作为小样本学习的最佳理论，越来越广泛地受到重视，并成为人工智能和机器学习领域新的研究热点。马文涛于 2005 年采用支持向量分类进行了膨胀土分类研究，达到了较为高效准确进行工程岩土分类的效果。姜谙男等于 2006 年和 2009 年采用粒子群进化支持向量机进行了三维含水层渗流参数识别、瓦斯突出及大坝渗流预测等。董辉于 2008 年从核函数的 Mercer 理论角度出发，采用混合建模的方法构造了复杂的核函数，以此提高支持向量机的泛化性能，并针对卧龙寺、链子崖、三峡大坝边坡变形预报工作展开了系统全面的应用研究，取得了较好的外推预报效果。可见，以上学者已对支持向量机在岩土工程领域的应用进行了卓有成效的探索及研究[2]。为此，接下来，本书将沿着人工智能技术的发展脉络，系统地阐述一种新的核方法——高斯过程，并与传统方法在理论及应用两方面进行对比研究。

如果将专家系统、人工神经网络、支持向量机看作模拟智能结构的产物，那么计算智能中的另一朵学术奇葩——仿生学算法就可以视为模拟智能生成过程的研究成果。从 20 世纪 70 年代 Holland 根据"生存竞争、优胜劣汰"的物种进化思想衍生而来的遗传算法（genetic algorithm，GA）到 20 世纪 90 年代研究生物群落运动规律而提出的粒子群（鸟群捕食）算法、蚁群算法及鱼群算法等，它们在处理非线性优化、机器人程序设计等问题时表现出很强的技术优势。可喜的是，同属计算智能技术的仿生算法、人工神经网络与支持向量机有着直接的技术融合和互补。比如，采用参数化定义表述的神经网络拓扑结构可用如上的仿生算法进一步优化网络结构，从而弥补因网络结构设计盲目（人为指定）带来的应用效果不足和计算效率低下。

可见，新兴学科的出现大大地拓展了人们的视野，同时给岩土力学提供了一种很好的思维方法。我们有理由相信，随着人工智能技术的不断完善、创新和突破，越来越优越的理论和技术将不断推陈出新，这一切都将极大推动岩土力学的发展，并进一步丰富和深化该领域的理论及研究手段。我们可以大胆地预言，人工智能技术在岩土工程领域的应用前景将不可限量。

2

群智能仿生优化算法

2.1 模拟退火算法基本理论

2.1.1 模拟退火算法简介[1]

模拟退火算法（simulated annealing，SA）源于固体退火原理，核心思想基于 Metropolis 于 1953 年提出的重要性采样法，即以一定概率接受新状态（可接受恶化解），称 Metropolis 准则；其后由 Kirkaptric 等最早推广应用到组合优化问题。固体的物理退火过程如图 2-1 所示，分为加温、等温及冷却三个过程。通常在加温阶段，使其分子自由活动加剧，当退火过程（降温）中的温度下降足够缓慢，则在每个稳定系统下可近似认为处于平衡状态，并最终冷却到达最低能量状态。当温度下降较快时，系统会被冻结在一个具有局部最小能量的亚稳态。整个退火过程中，系统能量状态分布符合 Boltzmann 分布规律。

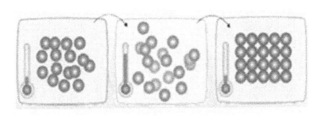

图 2-1　固体的物理退火过程

在了解了固体的物理退火过程后，可将算法自身参数与热运动状态变量之间的对应关系抽象为：系统的能量状态——目标函数，系统降火温度——控制参数，系统能量平衡态——全局最优解，退火的主要规则是 Boltzmann 分布规律，它给出了在某一温度下系统处于某一能量状态的概率。

可见，温度控制策略的不同影响着算法接受新状态的概率大小，由此使得该算法在进化迭代中不仅具有"下山性"，同时具有"上山性"。即可以有条件接受使目标函数衰退的恶化解，但随着温度控制参数的减小，恶化解被接受的概率也将为零。同时，算法在迭代过程中新点的选取也可通过满足一定概率分布条件给出，这就使得其能够跳出局部最优区域而获得全局最优。

2.1.2　模拟退火算法实现

如图 2-2 所示，模拟退火算法流程图可表述为：由初始解 x 和控制参数

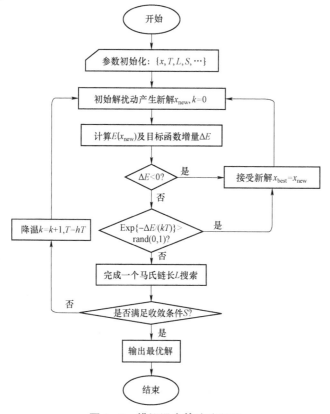

图 2-2　模拟退火算法流程图

初值 T 开始，对当前解重复"产生新解—计算目标函数增量—接受或舍弃"的迭代，并逐步衰减 T 值，算法终止时的当前解即为所得近似最优解，这是基于蒙特卡罗法的一种启发式随机搜索过程。算法由冷却进度表控制，包括控制参数的初值 T 及其衰减因子 h、每个 T 值时的迭代次数 L 和停止条件 S。其中，粒子在温度 T 时趋于平衡的概率为 $e^{-\Delta E/(kT)}$，E 为温度 T 时的内能，ΔE 为其改变量，k 为 Boltzmann 常数，内能 E 模拟为目标函数值 f。

2.2　遗传算法

遗传算法（genetic algorithm，GA）是 20 世纪 70 年代初由美国密歇根大学 Holland 与其同事、学生发展起来的一种仿生全局最优化算法。1975 年，Holland 发表了第一本比较系统论述遗传算法的专著 *Adaptation in Natural and Artificial Systems*，建立了遗传算法的基本框架。其后，遗传算法被广泛地应用于各个领域，很快在全世界掀起了研究热潮。

2.2.1　遗传算法的基本思想[2]

生物进化的基本过程如图 2-3 所示，遗传算法主要借用生物进化过程中"优胜劣汰，适者生存"的规律，即最适合自然环境的群体往往有更大的机会产生后代群体，而适应环境能力较差的群体产生后代群体的机会就要小得多，

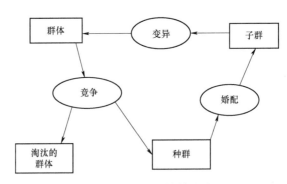

图 2-3　生物进化的基本过程

一般面临被淘汰的命运，优胜劣汰在这个过程中起着非常重要的作用。生物进化的过程本身就是一个不断由低级到高级的发展过程，好的群体通过婚配、杂交、变异，更容易产生比自身更优秀的后代群体，在这种由低到高的进化过程中，决定某群体命运的因素就是其对环境的适应能力，或者说对环境的适应能力才是隐藏在群体背后的生物进化的驱动因素。

遗传算法借鉴了生物进化的一些特征，主要体现在以下几个方面。

（1）进化发生在解的编码上。这些编码按生物学的术语称为染色体，由于对解进行了编码，优化问题的一切性质都通过编码来研究。编码和解码是遗传算法的一个主题。

（2）自然选择的规律决定哪些染色体产生超过平均数的后代。遗传算法通过优化问题的目标函数而人为地构造适应函数以达到好的染色体产生超过平均数的后代。

（3）当染色体结合时，双亲遗传基因的结合使得子女保持父母的特征。

（4）当染色体结合后，随机的变异会造成子代同父代的不同。

遗传算法包含以下主要处理步骤。

（1）对优化问题的解进行编码。一个解的编码称为一个染色体，组成编码的元素称为基因，编码的目的是用于优化问题解的表现形式和利于以后遗传算法中的计算。

（2）适应函数的构造和应用。适应函数基本上依据优化问题的目标函数而定，适应函数确定以后，自然选择规律是以适应函数值的大小决定的概率分布来确定哪些染色体适应生存，哪些被淘汰。生存下来的染色体组成种群，形成一个可以繁衍下一代的群体。

（3）染色体的结合。双亲的遗传基因结合是通过编码之间的交配实现下一代的产生，这个过程是一个"生殖"过程，产生了一个新解。

（4）在新解产生的过程中可能发生基因变异，变异使某些解的编码发生变化，使解有更大的遍历性。

表 2-1 为生物遗传基本概念及其在遗传算法中的应用。

表 2-1　生物遗传基本概念及其在遗传算法中的应用

生物遗传基本概念	在遗传算法中的应用
适者生存	算法停止时，最优目标值的解有最大的可能被留住
个体（individual）	解
染色体（chromosome）	解的编码（字符串，向量等）
基因（gene）	解中每一分量的特征（如各分量的值）
适应性（fitness）	适应函数值
种群（population）	选定的一组解（其中解的个数称为种群规模）
群体（reproduction）	根据适应函数值选取的一组解
交配（crossover）	通过交配原则产生一组新解的过程
变异（mutation）	编码的某一分量发生变化的过程

从以上分析可见，遗传算法有 5 个基本的组成部分：①编码方式，即染色体表述；②遗传算子，包括选择、杂交、变异三个基本算子；③种群的初始化，即随机产生初始群体；④终止准则，即何时退出计算过程；⑤适应函数。

2.2.2　遗传算法的优越性

遗传算法的优越性可以简单归结为以下几条。

（1）遗传算法适合求解那些带有多参数、多变量、多目标和在多区域但连通性较差的 NP-hard 优化问题，这类问题通过解析或计算求解的可能性非常小，主要依赖数值求解。遗传算法是一种具有普适性的数值方法，对目标函数的性质几乎没有要求，甚至不一定要显式地写出目标函数。遗传算法的特点是记录一个群体，不同于局部搜索、禁忌搜索和模拟退火中仅仅是一个解。

（2）基于梯度为导向的搜索方法，具有收敛速度快和方法成熟等特点，但其存在致命的缺陷，即初值依赖性强、无法保证收敛到全局最小值和迭代振荡的不稳定问题，且其对目标函数有一个基本要求，即目标函数是可微的，许多情况下目标函数并不能达到这个要求，而遗传算法对目标函数没有这个要求，故遗传算法比传统的梯度搜索方法更具有普适性。

（3）遗传算法在求解很多组合优化问题时，不需要很强的技巧或对问题有非常深入的了解，在给问题的决策变量编码后，其计算过程是比较简单的，且很快就可以得到一个满意解。

（4）遗传算法与求解优化问题的其他启发式算法有较好的兼容性，如可以用其他的算法求初始解；在每个种群中，可以用其他的算法求解下一代新种群。

2.2.3　遗传算法的实现

遗传算法计算流程图如图 2-4 所示。

遗传算法的实现步骤为：

（1）令进化代数 $g=0$ 并给出初始种群 $P(g)$；

（2）对 $P(g)$ 中的每个个体进行适应度评价；

（3）从 $P(g)$ 中选择两个个体，并对这两个个体完成选择、杂交、变异操作，得到新一代种群 $P(g+1)$，令 $g=g+1$；

（4）如果终止条件满足，退出计算，返回当前最优解，算法结束，否则转至（2）。

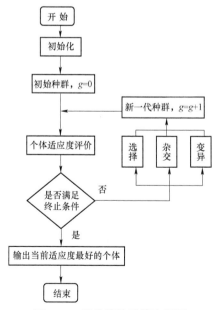

图 2-4　遗传算法计算流程图

2.2.4 基本遗传算法

基本遗传算法的实现主要体现在以下几个环节上。

1. 编码方式

基本遗传算法采用的是二进制编码方式，二进制编码即将原问题的解映射成为 0 和 1 组成的位串，然后在位串空间上进行遗传操作，再通过解码过程将结果还原成解空间的解，如 13 这个数其二进制编码为 01101。二进制编码能表达的模式数最多，具有以下优点：

（1）简单易行；

（2）符合最小字符集编码原则；

（3）便于用模式定理进行分析，因为模式定理就是以二进制编码为基础的。

2. 遗传算子

1）选择算子

基本遗传算法一般采用适应度比例方法，通常也叫轮盘赌法。在该方法中，每个个体的选择概率和其适应度值成比例。设种群大小为 n，其中个体 i 的适应度为 f_i，则个体 i 的选择概率为：

$$P_{si} = \frac{f_i}{\sum\limits_{j=1}^{n} f_i} \qquad (2-1)$$

概率 P_{si} 反映了个体的适应度在整个个体适应度总和中所占的比例。

2）杂交算子

在遗传算法中，杂交算子的作用非常重要。杂交算子一方面使得在原来的种群中的优良个体的特性能够在一定程度上保留；另一方面，它使得算法能够探索新的基因空间，从而使新的种群中的个体具有多样性。

基本遗传算法一般采用单点杂交（简单杂交）法，具体操作为：在个体基因串中随机设定一个交叉点。实行交叉时，该点前或后的两个个体的部分结构进行互换，生成两个新个体。

在很多应用中，杂交算子是以一定的概率实现的，这一概率称为杂交概率 P_c。

3）变异算子

变异算了是对种群中的个体串的某些基因位置上的基因值作变动，以产生新解的过程。变异算子操作的基本步骤如下。

（1）在种群中所有个体的码串范围内随机地确定基因位置。

（2）以事先设定的变异概率 P_m 来对这些基因位置的基因值进行变异。

对于基于字符集{0, 1}的二值码串的基本遗传算法而言，变异操作就是对种群中基因链码随机挑选 c 个位置并对这些基因位置的基因值以变异概率 P_m 取反，即 1→0 或 0→1。

3. 种群的初始化

初始种群应该在参数搜索区间随机选取，只有这样才能达到所有状态的遍历，最优解在遗传算法的进化中最终得以生存，但初始种群的随机选取增大了进化的代数。

在种群的初始化过程中，种群规模（即种群中所含个体解的个数）是一个重要的参数，种群规模越大，每一代参与进化的个体数越多，无疑进化到最优解的可能性就越大，但计算时间也将大大变长。

种群规模取个体编码长度数的一个线性倍数是实际应用时经常采用的方法之一，一般为几十到几百。

4. 终止准则

终止准则确定算法何时终止计算并返回最优解。一般终止准则采用以下两类方法。

（1）给定最大的进化代数，当算法迭代代数达到给定的最大进化代数时终止计算，并返回当前最优解。这种方法的优点是事先能够明确迭代计算的代数，缺点是计算终止时不一定能得到非常满意的解。

（2）事先给定一个下界，当进化计算达到要求的偏差度时，算法自动终止。这种方法的优点是事先能够明确误差情况，缺点是在难以达到预先指定的允许误差情况下，算法有可能陷入无穷迭代之中而不收敛。

5. 适应函数

适应度是评价个体在种群中性能优劣的唯一指标，也是遗传算法能够不断淘汰较劣解，逐步向最优解进化的过程中真正的驱动因素。适应函数的设计和遗传算法中的选择操作直接相关，它对遗传算法的影响还表现在以下方面：

（1）适应函数影响遗传算法的迭代终止条件；

（2）适应函数与问题约束条件直接相关。

在基本遗传算法中，适应函数直接采用优化问题的目标函数。

总之，基本遗传算法可以这样理解：求解的问题是极大目标函数的优化问题；采用二进制编码，种群规模是一个常数；初始群体随机选取；适应函数为目标函数；按轮盘赌法进行个体选择；采用简单杂交法进行交配；染色体中的每一个基因都以相同的概率变异。

2.2.5 改进的遗传算法

使用实践表明，基本遗传算法由于在许多环节上存在缺陷，优化计算的效果有时并不理想，在以下环节做出改进可以提高算法的计算效率和精确度。

1. 编码方式

传统的二进制编码方式尽管存在上文所说的一些优点，但其缺点也是非常明显的。

（1）相邻整数的二进制编码可能具有较大的 Hamming 距离，例如 15 和 16 的二进制表示为 01111 和 10000，算法要从 15 改进到 16 则必须改变所有的位，这种缺陷降低了遗传算子的搜索效率。二进制编码的这一缺点有时被称为 Hamming 悬崖。

（2）进行二进制编码时，一般要先给出求解的精度以确定串长。一旦精度确定就很难在算法执行过程中进行调整，从而使算法缺乏微调的功能。

（3）在求解高维优化问题时，二进制编码位串将非常长，算法的搜索效率很低。

鉴于二进制编码的上述缺点，本书的遗传算法采用实数编码方式。对于问题的变量是实向量的情形，可以直接采用十进制进行编码以便对解直接进行遗传操作，从而便于引入与问题领域相关的启发式信息以提高算法的搜索能力。实验证明对于大部分数值优化问题，采用实数编码算法的平均效率更高。

2. 遗传算子

1）选择算子

排队选择方法是指在计算出每个个体的适应度后，根据适应度大小在种群中对个体排序，然后把事先设计好的概率表按顺序分配给个体，作为各自的选择概率。标准的几何分布选择方法，每个个体的选择概率定义为：

$$P = q'(1-q)^{r-1} \tag{2-2}$$

$$q' = \frac{q}{1-(1-q)^p} \tag{2-3}$$

式中：P ——选择概率；

q ——选择最优个体的概率；

r ——个体的秩，1 是最好的；

p ——种群规模。

2）杂交算子

算术杂交，设 P_c 为杂交操作的概率，此概率说明种群中有期望值为 $P_c \cdot N$ 个染色体进行杂交操作。为确定杂交操作的父代，从 $i=1$ 到 N 重复以下过程：从[0, 1]中产生均匀随机数 r，如果 $r < P_c$ 则选择 X_i 作为一个父代，用 $\bar{X}$，$\bar{Y}$ 表示上面选择的父代，按下式进行杂交操作，并产生两个后代 $\bar{X}'$，$\bar{Y}'$，即：

$$\left.\begin{aligned}\bar{X}' &= r\bar{X} + (1-r)\bar{Y} \\ \bar{Y}' &= (1-r)\bar{X} + r\bar{Y}\end{aligned}\right\} \tag{2-4}$$

检验新产生的后代是否为可行解，如果可行，用它们代替父代；否则，保留其中可行的，然后产生新的随机数，重新进行杂交操作，直到得到两个可行的后代为止。

3）变异算子

（1）均匀变异，该变异方法是针对实数编码方式的。设 x_i 是种群中的一个个体，x_i' 是变异产生的后代。均匀变异是先在个体中随机地选择一个分量 j，然后，在一个定义的区间 U 中均匀随机地取一个数代替 j 以得到 x_i'，即：

$$x_i' = \begin{cases} U(a_i,\ b_i), & i=j \\ x_i, & \text{其他} \end{cases} \tag{2-5}$$

（2）非均匀变异，该变异方法也是针对实数编码方式的。它与均匀变异的区别仅仅在于用一个非均匀随机数来代替事先选定的分量 j，公式为：

$$x_i' = \begin{cases} x_i + (b_i - x_i)f(G), & r_1 < 0.5 \\ x_i - (x_i + a_i)f(G), & r_1 \geqslant 0.5 \\ x_i, & \text{其他} \end{cases} \tag{2-6}$$

$$f(G) = \left[r_2 \left(1 - \frac{G}{G_{\max}} \right) \right]^b \qquad (2-7)$$

式中： r_1， r_2——（0，1）之间的均匀随机数；

$\quad\quad G$——当前代；

$\quad\quad G_{\max}$——代中的最大数；

$\quad\quad b$——形状参数。

3. 种群的初始化

采用随机生成的方法产生初始群体，种群规模具体数目请参阅书中各表格。

4. 终止准则

本书终止准则采用规定最大进化代数法，即迭代计算到指定的代数时，算法自动终止计算，并返回当前最优解。最大进化代数具体数目请参阅书中各表格。

5. 适应函数

在许多问题中，目标是求函数 $f(x)$ 的最小值，而不是最大值。即使某一问题可自然地表示成求最大值形式，但也不能保证对于所有的 x， $f(x)$ 都取非负值。由于遗传算法中要对个体的适应度进行排序并在此基础上确定选择概率，所以适应函数的值要取正值。由此可见，将目标函数映射成求最大值形式且函数值非负的适应函数是必要的做法。

1）简单适应函数

简单适应函数是目标函数的简单变形，若 $f(x)$ 为目标函数，则适应函数可以取

$$\text{fitness}(x) = \begin{cases} f(x), & \text{优化目标为最大} \\ M - f(x), & M > C_{\max} \text{且优化目标为最小} \end{cases} \qquad (2-8)$$

存在很多方法用于选择 $C_{\max}$， $C_{\max}$ 可以是一个合适的输入值，也可取迄今为止进化过程中 $f(x)$ 的最大值。

简单适应函数的特点是构造简单，与目标函数直接相关。值得注意的是，采用简单适应函数有可能使得算法在迭代过程中出现收敛到一些目标值相似的不同染色体，这些染色体很难区分，会给选择操作带来很大困难。

2）非线性加速适应函数

这种适应函数可以加快算法收敛速度，如目标函数为 $f(x)$ 为最大，而优化目标为最小，可以构造如下的适应函数：

$$\text{fitness}(x) = \begin{cases} \dfrac{1}{f(x)}, & f(x) > 0 \\ \dfrac{1}{f_{max} - f(x)}, & f(x) < f_{max} \end{cases} \tag{2-9}$$

式中：f_{max}——当前的最优目标值。

2.3 粒子群优化算法

粒子群优化算法（particle swarm optimization algorithm，PSOA）源于复杂适应系统（complex adaptive system，CAS）。CAS 中的研究对象称为主体，其具有 4 个基本特点：①主体是主动的、活动的；②主体与环境及其他主体是相互影响、相互作用的，这种影响是系统发展变化的主要动力；③环境的影响是宏观的，主体之间的影响是微观的，宏观与微观要有机结合；④整个系统可能还要受一些随机因素的影响。

粒子群优化算法就是一个复杂适应系统，这一结论最早是由美国心理学家 James Kennedy 和电气工程师 Russelll Eberhart 于 1995 年基于对鸟群觅食行为的研究得出的。鸟在这个系统中被称为主体。主体有适应性，它能够与环境及其他的主体进行交流，并且根据交流过程中的"学习"或"积累经验"来改变自身的结构与行为。整个系统的演变或进化包括：新层次的产生（小鸟的出生）；分化和多样性的出现（鸟群中的鸟分成许多小的群）；新主题的出现（鸟在寻找食物的过程中，不断发现新的食物）。

2.3.1 粒子群优化算法原理[3]

PSOA 就是从这种生物种群行为特性中得到的启发，用于求解优化问题。在 PSOA 中，每个优化问题的潜在解都可以想象成 d 维搜索空间上的一个点，我们称之为"粒子"（particle），所有的粒子都有一个被目标函数决定的适应度值（fitness value），每个粒子还有一个速度决定他们飞行的方向和距离，然后粒子们就追随当前的最优粒子在解空间中搜索。Reynolds 对鸟群飞行进行研究，发现鸟仅仅是追踪它有限数量的邻居，但最终的整体结果是整个鸟群好像在一个中心的控制之下，即复杂的全局行为是由简单规则的相互作用引起的。

为不失一般性，本书以最小化系统适应函数为优化目标，标准粒子群优化算法的数学原理可描述如下。

粒子自身速度与位置更新：

$$\begin{cases} v_i^{m+1} = w_i^m v_i^m + c_1 r_1 (\text{pbest}_i^m - x_i^m) + c_2 r_2 (\text{gbest}^m - x_i^m) \\ x_i^{m+1} = x_i^m + v_i^m \end{cases} \quad (2-10)$$

每个粒子在飞行空间的个体极值更新：

$$\text{pbest}_i^{m+1} = \begin{cases} x_i^{m+1}, & f(x_i^{m+1}) < f(\text{pbest}_i^m) \\ \text{pbest}_i^m, & \text{其他} \end{cases} \quad (2-11)$$

所有粒子的全局极值选取：

$$\text{gbest}^{m+1} = \arg\min(f(\text{gbest}^m), f(\text{pbest}_i^{m+1})) \quad (2-12)$$

式中：x_i，v_i，pbest_i 分别表示第 i 个粒子当前位置、速度及个体历史最优位置；gbest 代表所有粒子经历的最好位置；w_i 代表惯性权重，取较大值有利于算法在较大范围内进行搜索，而取较小值有利于在局部进行精细搜索；c_1 为个体进化因子，c_2 为社会进化因子，取值均在[0, 2]范围；r_1、r_2 是均服从 U(0, 1) 分布的相互独立随机向量。

式（2-10）由三部分组成，第一部分是粒子先前的速度，说明了粒子目前的状态；第二部分是"认知"部分（cognition modal），表示粒子本身的思考；第三部分为"社会"部分（social modal），表示粒子受到的影响。三部分共同决定了粒子的空间搜索能力。第一部分起到了平衡全局和局部搜索的能力。第二部分使粒子有了足够强的全局搜索能力，避免局部极小。第三部分体现了粒子间的信息共享。从社会心理学角度来讲，"认知"部分可由 Thorndike 的影响法则解释，即一个得到加强的随机行为在将来会更有可能出现。这里的行为即认知，并假设获得正确的知识是得到加强的。"社会"部分可由 Bandura 的代理加强理论解释，根据该理论的预期，当观察者观察到一个模型在加强某一行为时，将增加它实行该行为的概率，即粒子本身的认知将被其他粒子所模仿。PSOA 的这些心理学假设是无争议的，可描述为：在寻求一致的认知过程中，个体往往记住它们的信念，同时考虑同伴们的信念，当个体察觉同伴的信念较好时，它将进行适应性的调整。

最后，以方程 $\min\left(f(x)=(x-15)^2+(y-20)^2\right)$ 为例，通过图 2−5(a)～图 2−5(d) 说明 PSOA 在问题解空间的进化过程。粒子规模为 49，迭代 30 次。

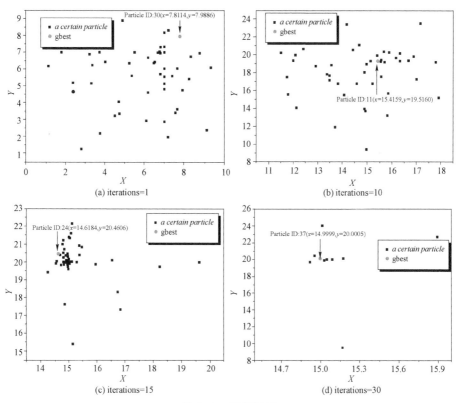

图 2−5　进化过程

2.3.2　基于 SA 和 PSOA 的函数测试[3]

采用两种标准算法，对随机和既定初始解两种情况下的标准非约束函数（最小化）Rastrigin、Rosenbrock、Ackley 及 Griewank 分别进行 50 次寻优性能测试，以平均最优值作为算法性能评定标准，测试函数三维视图及表达式见图 2−6 和表 2−2。

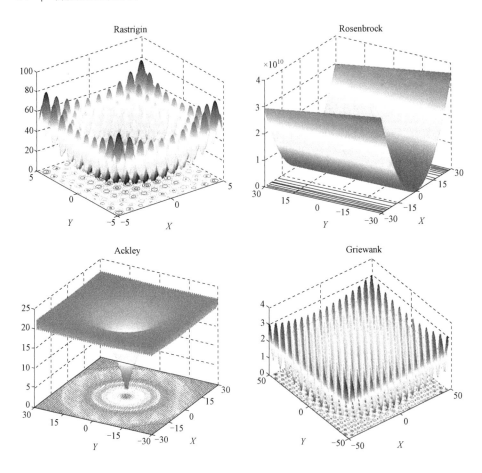

图 2-6 测试函数三维视图

表 2-2 测试函数表达式

函数表达式		维数	搜索区间	理论最优解
Rastrigin	$f_1 = \sum_{i=1}^{d}[x_i^2 - 10\cos(2\pi x_i) + 10]$	10	$\lvert x_i \rvert \leqslant 5.12$	$f_1(0,0,\cdots,0) = 0$
Rosenbrock	$f_2 = \sum_{i=1}^{d-1}[100(x_i^2 - x_{i+1})^2 + (x_i - 1)^2]$	10	$\lvert x_i \rvert \leqslant 30$	$f_2(1,1,\cdots,1) = 0$
Ackley	$f_3 = 20 + e - 20e^{-0.2\sqrt{\frac{1}{d}\sum_{i=1}^{d}x_i^2}} - e^{\frac{1}{d}\sum_{i=1}^{d}\cos(2\pi x_i)}$	30	$\lvert x_i \rvert \leqslant 30$	$f_3(0,0,\cdots,0) = 0$
Griewank	$f_4 = \sum_{i=1}^{d}\frac{x_i^2}{4\,000} - \prod_{i=1}^{d}\cos(x_i / \sqrt{i}) + 1$	10	$\lvert x_i \rvert \leqslant 600$	$f_4(0,0,\cdots,0) = 0$

为反映模拟退火算法的收敛性能及特性，绘制极值随迭代步数的收敛进化曲线，并与上节的标准粒子群优化算法进行对比分析研究。参数设计为：SA 冷却进度（参数）表（表 2-3）及 PSOA 参数表（表 2-4），二者初始解的随机化函数均为 $x = x_{min} + (x_{max} - x_{min}) \times rand[1, D]$。其中，SA 的新解生成器为 'Generator'，$@(x)(x + (randperm(length(x)) == length(x)) \times randn/q)$，而 PSOA 的新解则由式（2-10）～式（2-12）产生进化，最后的收敛条件均设定为达到最大迭代步 $S = 2\,000$ 终止。

表 2-3　SA 冷却进度（参数）表

函数	初始温度 T	Markov 链长度	衰减因子 k	q
f_1	100	300	0.8	100
f_2	100	300	0.8	1
f_3	10 000	300	0.8	100
f_4	100	300	0.8	0.1

表 2-4　PSOA 参数表

函数	进化因子（$c_1 = c_2$）	线性权重 $[w_{min}, w_{max}]$	种群规模	粒子速度
f_1	2.0	[0.4, 0.9]	40	$0.1 \times [x_{min}, x_{max}]$
f_2	2.0	[0.4, 0.9]	40	$0.1 \times [x_{min}, x_{max}]$
f_3	2.0	[0.4, 0.9]	10	$0.1 \times [x_{min}, x_{max}]$
f_4	2.0	[0.4, 0.9]	40	$0.1 \times [x_{min}, x_{max}]$

经过 50 次的算法测试，相应的算法测试结果和极值进化曲线如表 2-5 及图 2-7 所示。从进化曲线形式来看：相比于 SA，PSOA 在寻优过程中早期收敛较快，其进化曲线斜率明显大于前者，然而 PSOA 在后期进化性能却变差，当进化代数超过 1 000 代时，寻优曲线趋于收敛，即所谓的算法"早

熟"现象。这一点可从式（2-10）～式（2-12）得到反映，在算法进化后期，由于粒子更新速度越来越趋近于零而导致粒子出现了大规模的趋同性从而使整个粒子种群的多样性和均匀性下降，故而寻优往往陷入局部最优无法跳出。从最终寻优结果来看：除 f_1 函数外，PSOA 对其余三个函数的平均测试精度均比 SA 高。

表 2-5　基于随机初始解的 SA 和 PSOA 算法测试结果

函数值	SA				PSOA			
	f_1	lg (f_2)	f_3	f_4	f_1	lg (f_2)	f_3	f_4
最大值	10.689 0	1.403 26	10.596 0	0.963 79	11.939 50	0.826 12	1.778 00	0.108 20
最小值	2.001 80	−0.990 9	1.685 20	$7.46×10^{-7}$	0.995 00	−1.243 8	0.006 25	0.034 50
平均值	5.055 36	0.838 94	3.391 07	0.218 03	5.770 77	0.564 30	0.507 07	0.064 69

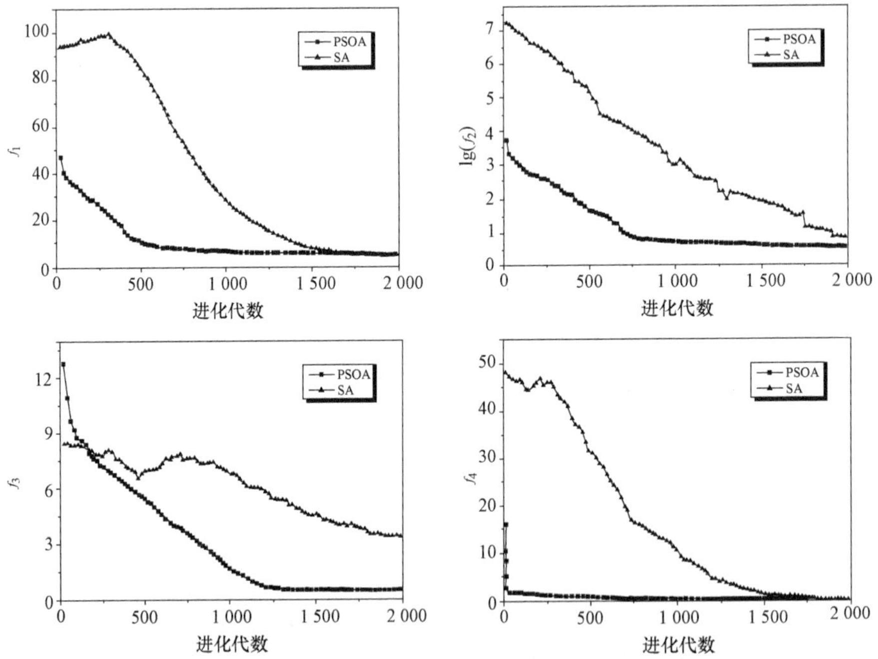

图 2-7　基于随机初始解的 SA 和 PSOA 算法测试的极值进化曲线

接着，当函数的解空间被压缩得足够小时（此处采用人为给定较小初始值实现），采用 SA 算法测试，相应的算法测试结果和极值进化曲线见表 2-6 及图 2-8。可以看到，进化曲线在初期往往都有震荡及上扬趋势，这是由于该算法采用 Metropolis 准则。即在初期退火温度较高，算法以较大概率接受恶化解，随着后期退火温度的降低将以较大概率拒绝恶化解并趋于收敛。与表 2-5 中基于随机初始解条件下的 SA 测试结果相比，压缩或固定求解区间后 SA 的寻优效果明显较好，尤其是在函数理论最优解附近取值时函数的寻优结果往往能达到 10^{-3} 量级（除 f_3 外），说明该算法对多维多峰目标函数呈现较强的局部搜索能力。总体上，通过与上面基于随机初始解情况的进化曲线及收敛精度相比，当优化问题维数较高时，如前期不能有效地降低或压缩解空间，SA 的局部搜索能力将大打折扣。因此，为了发挥两种算法各自的特点及优势，可通过结合 PSOA 与 SA 两种不同算法，充分发挥 PSOA 早期收敛速度快（解空间上的随机粗犷搜索）和 SA 局部搜索能力强（解空间上的精细搜索）的特点。将 PSOA 优化后的弱最优解作为 SA 的初始解，利用后者的退火机制帮助前者跳出局部最优以达到更佳的寻优能力。

表 2-6　采用既定初始解的 SA 算法测试结果

函数	SA 初始值			函数	SA 初始值		
f_1	$[0.2]_{1\times10}$	$[0.0]_{1\times10}$	$[-0.2]_{1\times10}$	f_2	$[1.2]_{1\times10}$	$[1.0]_{1\times10}$	$[0.8]_{1\times10}$
平均值	0.001 839	0.000 842	0.002 016	平均值	0.012 762	0.002 506	0.024 44
f_3	$[0.2]_{1\times10}$	$[0.0]_{1\times10}$	$[-0.2]_{1\times10}$	f_4	$[0.2]_{1\times10}$	$[0.0]_{1\times10}$	$[-0.2]_{1\times10}$
平均值	1.712 201	1.684 387	1.685 765	平均值	0.005 614	0.000 011	0.000 389

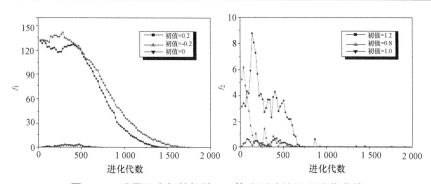

图 2-8　采用既定初始解的 SA 算法测试的极值进化曲线

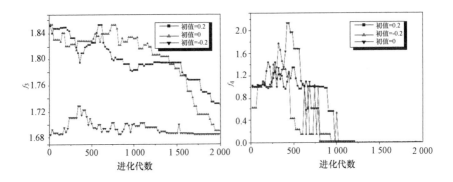

图 2-8　采用既定初始解的 SA 算法测试的极值进化曲线（续）

2.4　粒子群–模拟退火混合优化算法

2.4.1　标准粒子群优化算法的改进研究现状

上述函数测试结果已经说明，标准粒子群优化算法在进化后期往往因粒子自身产生"趋同性"而陷入局部最优。因此，就标准粒子群优化算法的改进问题已经产生了大量研究成果，主要集中在以下三个方面：①标准算法自身参数因子的自适应改良；②邻域粒子群优化算法；③混合粒子群优化算法研究。

Shi 和 Eberhart 于 1999 年首先提出了基于线性惯性权重的粒子群优化算法，以此平衡全局性和收敛效率并给出了权重取值的经验区间。Clerc 于 1999 年在进化方程中引入收缩因子 k 以保证算法的收敛性。其后，Shi 于 2001 年又提出 FPSO 算法，即采用模糊推理系统自适应调整权重来改善标准粒子群优化算法，并给出了相应的测试结果。陈贵敏等于 2006 年在此基础上又提出了分别基于凹凸函数形式的惯性权重粒子群方法，就标准无约束数学函数问题与线性权重策略进行了对比研究。结果表明：凹函数策略最优，线性次之，而凸函数策略效果最差。可见，上述改进方法主要围绕着对标准算法在惯性因子、收敛因子、社会及个体学习因子方面进行调节改良，总结归纳自身参数因子对算法收敛性能的影响规律并以期获得较好的效果，但从进化寻优最终效果来看，无论是基于凹函数策略还是模糊推理的改良方法均对 Rastrigin 和 Rosenbrock 函数（10 维）的优化结果并没有较大改善，最终优化结果依然停留在 $10^0 \sim 10^1$ 量级上。

随着对算法自身参数因子的改良研究工作陷入瓶颈，近几年许多学者将研究重心放在如何通过拓扑方法将粒子群种群分化为不同子种群分别独立进化，同时引进相应扰动或组织策略以保证算法进化后期种群的均匀性和多样性，以此达到改善优化效果的目的。在对种群宏观邻域结构进行划分研究方面：Stefan 等于 2005 年提出 HPSO 算法，采用动态等级树作为邻域结构，历史最佳位置更优的粒子处于上层，每个粒子的速度由自身历史最佳位置和等级树中处于该粒子上一个节点的粒子的历史最佳位置决定；李爱国于 2006 年提出多粒子群协同优化算法，该方法将粒子种群分割为不同子种群并设置相应的上下层子种群之间的结构关系及扰动因子，依据一定约束策略反复重置粒子速度迫使算法摆脱局部最优解。两种算法的实质都是克服当粒子依据式（2-10）～式（2-12）在不断追逐当前全局最优解和自身历史最优解时，粒子的速度容易较快地趋向于零从而导致粒子无法进化表现出趋同性而陷入局部最优，即种群丧失多样性。在按照空间邻域和社会关系邻域划分的微观邻域粒子群优化算法研究方面：Suganthan 引入一个时变的欧式空间邻域算子，在搜索初始阶段，将邻域定义为每个粒子自身，随着迭代次数的增加，将邻域范围逐渐扩展到整个种群；社会关系邻域通常按粒子存储阵列的索引编号进行划分，主要有环形拓扑、轮形拓扑、星形拓扑、塔形拓扑、冯·诺依曼拓扑及随机拓扑等。总之，不同的邻域结构影响种群中当前粒子的速度和位置，当前粒子位置的定义随着邻域大小的改变而改变。但邻域模型中的粒子速度更新均基于粒子自己历史最优值 pbest 及粒子邻域内粒子的最优值 lbest，其余保持跟全局版的标准粒子群优化算法一样。当粒子邻域扩展到整个种群时，邻域粒子群将等同于标准的 gbest 全局模型，整个系统的最后输出解为所有当前粒子位置中的最优值。

混合 PSOA 就是将其他进化算法、传统优化算法或其他技术应用到

PSOA 中，用于提高粒子的多样性、增强粒子的全局探索能力、提高局部开发能力、增强收敛速度与精度。这种结合的途径通常有两种：一种是利用其他优化技术自适应调整收缩因子、惯性权值、加速常数等；另一种是将 PSOA 与其他进化算法的操作算子或其他技术结合。如 Robinson 等人于 2002 年和 Juang 于 2004 年将 GA 与 PSOA 结合分别用于天线优化设计和递归神经网络设计；Naka 等人将 GA 中的选择操作引入 PSOA 中，按一定选择率复制较优个体；Kata 等人于 2004 年提出一种基于 PSOA 和 levenberg-marquardt 的混合方法；Fan 等于 2004 年将 PSOA 与单纯形法结合；Angeline 则将锦标赛选择引入 PSOA 中，根据个体当前位置的适应度，将每一个个体与其他若干个个体相比较，然后依据比较结果对整个群体进行排序，用粒子群中最好一半的当前位置和速度替换最差一半的位置和速度，同时保留个体进化历史上的最好位置。至此，本书将研究思路集中于此类方法。对于多维非线性优化问题，PSOA 与 SA 两种算法均具有编程操作简易、算法结构参数少的特点，因此提出二者的串行融合，即利用 PSOA 在迭代进化初期具有快速稳健的搜索能力来大大压缩问题的求解空间，接着以 PSOA 的局部最优解作为 SA 的初始取值进一步进化以期取得较好的寻优结果。

2.4.2 粒子群–模拟退火混合优化算法的串行设计[3]

通过以上对粒子群优化算法几种改进思路的分析和总结，下面将采用粒子群优化算法（PSOA）与模拟退火算法（SA）二者串行混合进化，力图改进粒子群的优化性能。在此，设计如下粒子群–模拟退火混合优化算法（简称 PSO-SA 混合算法）程序，流程如下。

（1）设置参数。模拟退火算法的参数包括：初始温度 T_0、Markov 链长 L、温度衰减系数 h、领域函数；粒子群优化算法的参数包括：群体规模 popsize、最大速度 v（一般取求解区间范围的 10%～20%）、惯性权重 w、权重迭代方程（通常采用线形函数）、总迭代步、个体进化因子 c_1、社会进化因子 c_2。

（2）初始化群体。在 d 维搜索空间中随机产生 popsize 个粒子，包括初始位置和初始速度，每个粒子都代表了解空间的一个可行性解，并计算当前迭代步下粒子的适应度值，将各个粒子的最好位置 pbest 设为当前位置 x，并将适应度值最小的个体最好位置作为全局最好位置 gbest。

（3）采用标准粒子群优化算法运用式（2-10）~式（2-12）计算新一代的粒子速度和位置，按照适应函数计算当代所有粒子的适应度值。将每个粒子适应度值与其所经历的历史最好位置 pbest 的适应度值进行比较，若较好，则将其作为当前的最好位置。将每个粒子适应度值与群体所经历的最好位置 gbest 的适应度值进行比较，若较好，则将其作为当前的全局最好位置。

（4）当连续进化 n 代 gbest 无变化或差异性小于某个容许限值时（针对优化对象可灵活设计容许限值的大小），则以 gbest 为初始点，利用模拟退火算法进行搜索，如果得到一个优于 gbest 的解 y，则转向（5），否则转向（6）。模拟退火的迭代搜索具体如下。

① 设置模拟退火算法的初始解位置 y=gbest，计数器 k=0，初始温度为 T_0，Markov 链长为 S。

Loop i=1:L

➤ 在 y 的领域产生一个新解 y'。

➤ 根据 Metropolis 准则接受新解 y'。如果 $f(y') \leqslant f(y)$，则 y=y'；如果 $\exp(f(y') \leqslant f(y))/T_k$>random[0，1)，则 y=y'。

➤ 如果 $f(y) < f(gbest)$，则转向（5）。

Loop end

② 计数器 k=k+1；计算下一个温度 T_k=$T_0 \times h^k$ 及下一 Markov 链长 L。

③ 如果不满足停止准则，则返回（4），否则转向（6）。

（5）用 y 随机取代 popsize 个粒子中的一个粒子 i，令其当前位置 x 与当前最好位置 pbest 均为 y，且相应的适应度值均为 $f(y)$，返回（3）。

（6）算法结束，gbest 为所得解。

上述程序流程的关键在于通过引入模拟退火算法，将式（2-11）中的 pbest 设计改造为如下公式：

$$\text{pbest}_i^{m+1} = \begin{cases} x_i^{m+1}, & \min\left(1, \exp\left(\dfrac{f(\text{pbest}_i^m) - f(x_i^{m+1})}{T}\right)\right) > r \\ \text{pbest}_i^m, & \text{其他} \end{cases} \quad (2-13)$$

为了验证上述算法程序的有效性，依然采用上述多峰函数进行优化测试。程序流程（1）所涉及的初始参数仍采用表 2-3 和表 2-4 相关数据。采用 PSO-SA 混合算法与 PSOA 对测试函数的优化对比如图 2-9 所示。接着，由 f_2 和 f_3 测试曲线可见，PSOA 进化到 75 步左右时出现一定程度的停滞不前现象，而 PSO-SA 混合算法此时按照上述流程（4）开始调用 SA，依据 Metropolis 准则接受恶化解，以此改善种群多样性和搜索方向，并最终得到更为接近理论解的"全局最优解"。显然，PSO-SA 混合算法不但继承了 PSOA 在迭代初期高效的收敛速度，同时在优化能力接近停滞时发挥了 SA 上山及下山性的特点，帮助 PSOA 跳出局部优化解，提高了测试函数的寻优精度。

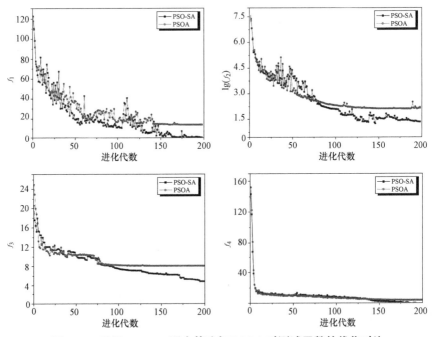

图 2-9 采用 PSO-SA 混合算法与 PSOA 对测试函数的优化对比

总体来说，本节的优化策略还有几个细节进行了简约化处理。

（1）函数测试没有考虑计算机耗时问题。

（2）对于粒子群这类非数值算法自身参数的设计仅依赖于现有文献的研究成果。例如，个体进化因子 c_1、社会进化因子 c_2 的取值均为 2.0，权重设计仅考虑线性递减策略。

尽管如此，上述简约处理方式还是有一定的实践和理论基础。本书将两种单一算法进行串行处理而并非并行操作，在一定程度上还是减少了计算机耗时；同时从研究目的考虑，本章下节将开展的混合优化算法与高斯过程融合研究是针对小样本问题而言。至于本书粒子群优化算法的参数取值，也就是参数敏感性分析问题。坦率地讲，该参数设计是在现有算法研究范畴下，业内一致认可的参数取值，也是诸多学者进行算法测试时的统一标准。

2.5　免疫克隆选择算法[4]

生物免疫系统是一个复杂的自适应系统。人体免疫系统能够识别病原体并做出应答反应，从而具有一定的学习、记忆和模式识别的能力。可以将其信息处理的原理、机制采用计算机算法进行描述，来解决科学和工程问题。Castro 最早提出了免疫克隆选择算法（immune clone select algorithm，ICSA），该算法是受人体免疫系统启发，模拟生物免疫系统功能和作用机理对复杂问题进行求解的智能方法。它保留了生物免疫系统所具有的若干特点，包括全局搜索能力、多样性保持机制、鲁棒性强、并行的求解搜索过程。本书将其引入来对优化问题进行求解。具体的算法概念及实现过程可参考 Castro 的文献。

本书在 ICSA 中加入了种群抑制过程，来对种群的平均浓度进行控制，避免算法过早收敛到局部最优解，增强全局优化能力。ICSA 过程如图 2-10 所示。

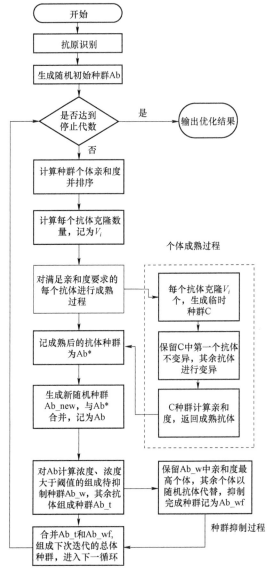

图 2-10 ICSA 过程

采用典型多峰函数 Rosenbrock 函数（香蕉函数）检验改进后的 ICSA 的优化能力。其函数形式如式（2-14）所示。全局最小值点在所有自变量取值为 1 时取得，函数值为 0。用十元 Rosenbrock 函数检验 ICSA 对于多元函数的优化效果。自变量的搜索区间为（-10，10），优化算法控制参数取值如表 2-7 所示。

$$f(X) = \sum_{i=1}^{n-1}\left(100\left(x_{i+1} - x_i^2\right)^2 + \left(1 - x_i\right)^2\right)$$

$$X = (x_1,\ x_2, \cdots,\ x_n) \in \mathbb{R}^N$$

（2−14）

运行 10 次优化算法，大约 4 次找到函数的最小值点，Rosenbrock 函数优化结果如表 2−8 所示。表 2−8 数据显示 ICSA 具有良好的多维多峰值函数的寻优能力。

表 2−7　优化算法控制参数取值

参数	抗体种群大小 N_P	最大循环代数 G	相似度阈值 δ_s	克隆数量 N_c	浓度阈值 δ_{den}
取值	200	100	1	200	0.015

表 2−8　Rosenbrock 函数优化结果

第一次	第二次	第三次	第四次	第五次	第六次	第七次	第八次	第九次	第十次
1.000	1.000	1.000	1.000	1.000	1.000	1.000	0.999	0.999	1.000
1.000	0.999	1.000	1.000	1.000	1.000	1.000	0.998	0.999	1.000
1.000	0.999	1.000	1.000	0.999	1.000	1.000	0.996	0.998	1.000
1.001	0.998	0.999	1.000	0.998	1.001	1.000	0.993	0.997	0.999
1.001	0.996	0.998	1.000	0.997	1.002	0.999	0.986	0.994	0.998
1.003	0.992	0.997	1.000	0.994	1.004	0.999	0.972	0.987	0.997
1.006	0.985	0.994	1.000	0.988	1.007	0.997	0.945	0.974	0.994
1.011	0.970	0.987	0.999	0.975	1.015	0.995	0.893	0.949	0.987
1.023	0.940	0.975	0.998	0.951	1.030	0.989	0.796	0.900	0.975
1.046	0.884	0.950	0.996	0.905	1.061	0.978	0.633	0.810	0.950

2.6　群智能的优势及粒子群优化算法特点

实际上，群智能中的群体指的是一组相互之间可以进行直接通信或者间接通信（通过改变局部环境）的主体（Agent），这组主体能够合作进行分布式的问题求解。群智能是指无智能的主体通过合作表现出智能行为的特性。

群智能在没有集中控制且不提供全局模型的前提下，为寻找复杂的分布式问题求解方案提供了基础。与大多数基于梯度应用优化算法不同，群智能依靠的是概率搜索算法。虽然概率搜索算法通常要采用较多评价函数，但与梯度方法及传统的演化算法相比，其优点还是显著的。

（1）无集中控制约束，不会因个别个体的故障影响整个问题的求解，确保了系统具备更强的鲁棒性。

（2）以非直接的信息交流方式确保了系统的扩展性。

（3）并行分布式算法模型，可充分利用多处理器。

（4）对问题定义的连续性无特殊要求。

（5）算法实现简单。群智能方法易于实现，算法中仅涉及各种基本数学操作，其数据处理过程对 CPU 和内存的要求也不高，且这种方法只需目标函数的输出值，无需其梯度信息。

以遗传法、粒子群优化算法为代表的优化算法就是一类具有群智能的仿生算法，且二者在岩土工程领域的应用实践较为广泛。与遗传算法相比，粒子群优化算法的特点可归纳如下。

（1）没有遗传算法的"交叉"和"变异"操作。

（2）信息共享机制不同，能更有效地收敛于全局最优解。

（3）系统参数（算子）较少，可降低参数的交叉选择影响从而保障解的品质。

（4）无需解码过程及搜索区间的边界法处理等特性，使得编程处理更为简易。

3

人工神经网络算法

3.1 概 论

人工神经网络（artificial neural network，ANN）是在现代神经科学研究成果的基础上，依据人脑基本功能特征，试图模仿生物神经系统的功能或结构而发展起来的一种新型信息处理系统或计算体系。它不是生物真实神经系统的拷贝，而是其数学抽象及粗略的逼近和模仿。从本质上说，这是一种由大量基本信息处理单元通过广泛连接而构成的动态信息处理系统。所谓神经网络的结构，主要是指它的连接方式。图 3–1 为一般 3 层神经网络结构示意图，它由输入层、隐含层和输出层构成。图中带箭头的线表示神经元之间的连接，与输入端相连接的神经元从网络系统外部接收信息，组成输入层。与输出端相连接的神经元组成输出层。输入层和输出层之间的各层被称为隐含层。目前研究工作者们提出的多层神经网络，绝大多数只包含一层或两层隐含层。通常，在输入层中每个输入端可以将一种输入信号引向若干个神经元，而在输出层中每个输出端则只接收一个神经元的输出信号。只有少数用到更多隐含层，其信息处理过程是并行的，由处理单元之间的相互作用来实现。神经网络信息和知识的表达是分布的，以网络各单元相互之间的物理联系作为知识与信息的存储形式（在软件仿真实现的神经网络中，各单元间的联系是非物理的）。在网络内，知识由各单元之间的连接强度表达。由于用连接强度来表达知识，因此网络学习的目的就是寻找一组合适的连接强度，网络的记忆存储行为表现为各单元间连接权重的动态演化过程。人工神经网络既尊重神经系统的生物学事实（这是神经网络研究的最初目的，即了解人脑的结构和运行机理，建立人脑的计算模型），具有和人脑基本相似的硬件结构，也注重心理学和认知现象的概括行为，这使得神经网络具有自己独特的信息处理能力。同时，它可以将认知现象作为其仿真原型而不涉及神经机制。在这层意义上，人工神经网络可以不受人脑神经系统的约束，而这正表明其工程应用前景的广阔性，从而使神经网络的研究走上了一条与早期研究方向不同的道路。在应用过程中，和人脑结构相似的精确程度已不再是问题的焦点所在，而是在于寻找工程问题中可利用神经网络强大功能的途径。

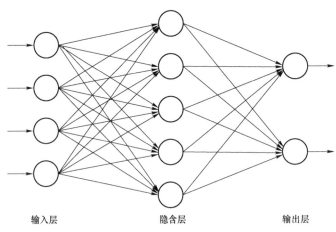

输入层　　　　　　隐含层　　　　　　输出层

图 3-1　一般 3 层神经网络结构示意图

神经网络主要是用于体现学习和信息处理的计算模型，自学习是它的一个重要的功能特征，它可以通过例子也可以通过和周围环境的相互作用来学习，能从大量数据中学到复杂的非线性关系[1]。

3.1.1　神经元的一般模型

神经元是神经网络的基本处理单元，最早的神经元数学模型是由心理学家 Warren McCulloch 和数学家 Walter Petts 于 1943 年提出的，称为 M-P 模型，它有许多种变形。图 3-2 是目前最流行一种神经元数学模型，由输入区、处理区、输出区三部分构成。神经元在网络中用圆圈表示。神经元并不是高度复杂的中央处理器，它只执行一些非常简单的计算任务，它接收沿着输入

加权连接 w_{ij} 输入的信号 $n_j(t)$，输入区的功能就是将所有输入信号以一定的规则综合成一个总输入值。最常见的综合规则（也称输入函数）是"加权和"——$\sum w_{ij} n_j(t)$，如图 3–2 所示。处理区的功能是根据总输入计算它目前的状态［活化态，定量用活化值 $n_j(t)$ 表示］，经活化规则（活化函数 f）处理后得到神经元的当前活化值 $n_j(t+1)$；神经网络的非线性主要就表现为神经元活化函数的非线性，输出区的功能是根据当前的活化值确定该单元的输出值并沿着输出连接传给其他神经元，转换规则称为输出函数。

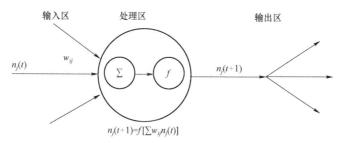

图 3–2　神经元数学模型

根据活化函数 f 的选择不同，神经元表现出不同的非线性特性，常见的有域值型［图 3–3(a)］、子域累积型［图 3–3(b)］、线性饱和型［图 3–3(c)］、S 型［图 3–3(d)］等。其中 S 型函数是一个有最大输出值 M 的非线性函数，常取连续值，称为 Sigmoid 曲线。

$$y = f(x) = \frac{1}{1 + \exp(-x)} \tag{3–1}$$

这类曲线在有限动态范围内有抑制噪声的作用。

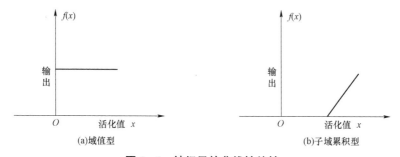

图 3–3　神经元的非线性特性

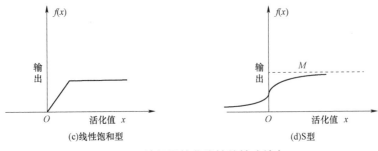

图3-3 神经元的非线性特性（续）

3.1.2 人工神经网络的特点

人工神经网络的计算机制使其具有以下特点。

（1）从运算方式方面来看，它以大规模集团运算为特征，以并行方式处理数据和信息，大量计算处理单元平行而分层次地进行信息处理工作。整体运行速度大大提高，具有显著的规模效益。

（2）在使用性能上，由于没有集中处理单元，信息存储和处理表现为整个网络全部单元及其连接模式的集体行为，故具有良好的容错性和很强的抗噪声能力。

（3）从功能行为方面来看，它具有变结构的计算组织体系，呈现很强的自学习能力和对环境的适应能力。这类学习功能的适应性表现为时间增长过程中网络内部结构和连接模式的变化，以及在外界输入信号作用下，网络内部有的信息通道增强，有的变弱甚至阻断。这种动态进化系统的工作方式打破了传统的按预先设计好的程序或算法被动执行的工作方式，提出"知识获取"新概念。它可以通过自学习功能从大量学习样本中获得复杂的非线性关系。

（4）在数学本质上，大多数神经网络属于非线性动态系统，可用一组非线性微分方程来描述，具有复杂的功能行为和动态性质。人们正是注重这种动态行为，并致力于将其转化为问题求解过程。

（5）从应用对象方面来看，它适宜处理知识背景不清楚的、推理规则不明确的复杂类型模式识别问题，以及处理连续的、模拟的、模糊的、随机的大容量信息。对具有不确定性的信息可以采用探索式的方法和多次反馈逼近法进一步确定。它既可做聚类分析、特征提取、缺损模式补全等模式信息处理工作，又适宜做模式分类、模式联想等模式识别工作。如数学上的映射逼近，就是通过一组映射动作，经多次反馈调整的方法实现函数的逼近。

（6）从求解目标方面来看，它致力于搜索非精确的满意解，而放弃目标解的高度精确性。这比较符合工程领域问题求解的现实情况，从而在自适应识别等方面表现出良好的实用性能，有效地提高了问题求解效率和实际解决问题能力。

另外，人工神经网络使用比较方便，它的信息处理过程同人脑一样，是一个黑箱，如图3-4所示。在工程应用中，和人们打交道的只是它表层的输入和输出，而内部信息处理过程是看不到的。对于不懂神经网络内部原理的人，仍能将自己的问题交给这种网络进行解决，只要把你的例子让它学习一段时间，它便可以解决与之有关的问题。

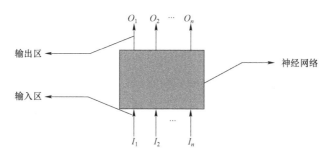

图3-4 人工神经网络信息处理过程示意图

3.1.3 人工神经网络的学习方法

1. 学习的一般概念

学习是指机体在复杂而又多变的环境中进行有效的自我调节。学习是对任何用以改进性能的知识结构的修改。知识是通过神经元之间的相互连接的强度存储的。学习使那些导致"正确解答"的神经元之间的连接被增强，而那些产生"错误解答"的神经元之间的连接随着样本的重新出现而减弱。因此，人工神经网络有一种近似于人类学习的能力。人工神经网络的一个关键方面，是容易且自然的学习能力。

人工神经网络的工作过程主要由两个阶段构成。前一个阶段是学习期（自适应期或设计期），在这一阶段执行学习规则，修正权系数，获取合适的映射关系。后一个阶段是工作期，此时各连接权值固定，计算单元状态变化最后达到一个稳定状态。

人工神经网络的学习分为有指导的学习和无指导的学习。有指导的学习要求在学习期间向网络提供输入和输出目标对。目前有指导的学习过程得到了广泛的应用，下面我们对它做进一步讨论。

2. 通过样本进行学习

通过样本进行学习的基本思想如图 3–5(a) 所示，学习的目的是产生一个网络（系统），如图 3–5(b) 所示，这个网络实现一个未知的映射 $f:x{\rightarrow}y$。在给定充分的输入、输出样本 $(x_i y_j)$ 时，神经网络是如何进行自学习的呢？在构造一个网络时，一个单元的活化函数和输出函数就确定了。若我们想改变输出值，但又不能在学习过程中改变转换函数，则只能改变加权求和的输入。处理元素不能控制输入模式，它是对环境做出反映而不是产生环境。改变加权输入的唯一方法只能是修改加在个别输入上的权系数。因此，网络的学习依于权值变化。更确切地说，一个网络的学习规则定义了由给定的输入产生预期的输出时如何修正权值。学习过程将由学习算法修正网络的连接权，从而得到 f 的一个好的近似。

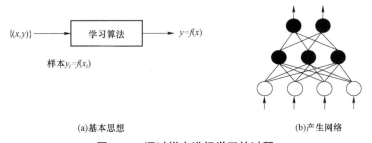

(a)基本思想   (b)产生网络

图 3–5　通过样本进行学习的过程

3.1.4　人工神经网络存在的主要问题

人工神经网络是人类通过模拟生物神经系统，在计算机上实现的一种复杂网络，是现代科技发展的新技术，它具有并行运行、容错、自适应、自学习及集体运算等特点。人工神经网络由许多非线性大规模并行运行的处理单元（神经元、电子元件、处理元件和光电元件）广泛互连而成，反映人脑功能的基本特性，但不是人脑的真实描写，只是人脑的某种抽象、简化和模拟。

人工神经网络的信息处理能力由神经元之间的相互作用来实现，网络中知识与信息存储表现为神经元之间分布式的物理联系；网络的学习与识别能力取决于各神经元连接权系数的动态演化过程。

目前已有的人工神经网络模型多达 40 余种，比较有代表性的有自适应共振理论、血崩网络、双向联想记忆、BP 多层映射网络、Hopfield 网络、感知器网络、Madline、径向基函数神经网络、交替投影神经网络等。

人工神经网络存在以下问题。

（1）由于基于经验风险最小化的原则，导致人工神经网络容易出现"过学习"的问题，即对学习精度的提高反而导致网络推广能力的下降。

（2）人工神经网络容易陷入局部最优解。

（3）人工神经网络是一种大样本学习机器，良好的网络训练需要数量很多的样本。

3.2 BP 神经网络算法

在人工神经网络的各种算法中，BP（back propagation）神经网络算法[5]（误差反向传播算法）是最成功的、应用最广泛的一种算法，在此做重点介绍。

BP 神经网络由输入层、隐含层和输出层组成。每层都由若干个神经元（节点）组成。每个神经元均有输入、输出。输入和输出之间的关系可用传递函数来描述，神经元可采用不同传递函数。

设输入模式向量 $X = \left(x_{k1}, x_{k2}, \cdots, x_{kn}\right)^{\mathrm{T}}$，输出向量 $Y = \left(y_{k1}, y_{k2}, \cdots, y_{km}\right)^{\mathrm{T}}$，对应输入 X_k 的期望输出为 $Y' = \left(y'_{k1}, y'_{k2}, \cdots, y'_{km}\right)^{\mathrm{T}}$，其中 n、m 为输入、输出节点数。

设第 k 个学习模式网络期望输出与实际输出的偏差为：

$$\varDelta = \left(y'_{kj} - y_{kj}\right) j = 1, 2, \cdots, m \tag{3-2}$$

$\varDelta$ 的均方差为：

$$E_k = \sum_{j=1}^{m} \left(y'_{kj} - y_{kj}\right)^2 / 2 \tag{3-3}$$

BP 神经网络通过对网络权值和阈值的修正使误差函数达到最小。对于网络中第 j 层各神经元的输入、输出关系可表示为：

$$y_{kj} = f\left(\text{net}_{kj}\right) \qquad (3-4)$$

$$\text{net}_{kj} = \sum w_{ij} x_{ki} - \theta_{ij} \qquad (3-5)$$

式中： net_{kj}——网络第 j 层第 k 个学习模式的输入；

$f()$——传递函数，通常选用 Sigmoid 函数，其形式为 $f(x) = \dfrac{e^x}{1+e^x}$；

w_{ij}——网络第 j 层输入节点与输出节点间的权值；

θ_{ij}——网络第 j 层第 i 个神经元的阈值。

由梯度下降法可知，函数任意点沿着负梯度方向下降得最快。权系数的迭代方程为：

$$W(r+1) = W(r) + \eta\left(-\frac{\partial E_k}{\partial w_{ij}}\right)$$

$$\theta(r+1) = \theta(r) + \eta\left(-\frac{\partial E_k}{\partial \theta_{ij}}\right) \qquad (3-6)$$

式中： η——控制权值修正速度的变数，即学习率；

r——迭代次数。

在 η 适合的时候可使 E_k 下降得最快，这就是 BP 神经网络中梯度算法的依据。由于：

$$\frac{\partial E_k}{\partial w_{ij}} = \frac{E_k}{\partial \text{net}_{kj}} \frac{\partial}{\partial w_{kj}} \sum_i (x_{ki} w_{ij} - \theta_{ij}) = \frac{\partial E_k}{\partial \text{net}_{kj}} \sum_i x_{ki}$$

$$\frac{\partial E_k}{\partial \theta_{ij}} = \frac{E_k}{\partial \text{net}_{kj}} \frac{\partial}{\partial \theta_{kj}} \sum_i (x_{ki} w_{ij} - \theta_{ij}) = -\frac{\partial E_k}{\partial \text{net}_{kj}} \qquad (3-7)$$

则：

$$W(r+1) = W(r) + \eta \delta_{kj} \sum_i x_{ki}$$

$$\theta(r+1) = \theta(r) + \eta \delta_{kj} \qquad (3-8)$$

$$\delta_{kj} = -\frac{\partial E_r}{\partial \text{net}_{kj}}$$

对于非输出层：

$$\frac{\partial E_k}{\partial y_{kj}} = \sum_l \left(\frac{\partial E_k}{\partial \mathrm{net}_{kl}} w_{lj} \right) = \sum_l (\delta_{kl} w_{lj}) \tag{3-9}$$

对于输出层：

$$\frac{\partial E_k}{\partial y_{kj}} = -(y'_{kj} - y_{kj}) \tag{3-10}$$

在网络训练过程中，为避免出现数值振荡，在式（3-8）中加入一动量项，引入动力因子，采用附加动量法来修正权值和阈值，其公式为：

$$\Delta w_{ij}(r+1) = (1 - m_c)\eta \delta_{kj} x_{ki} + m_c \Delta w_{ij}$$
$$\Delta \theta_{ij}(r+1) = (1 - m_c)\eta \delta_{ij} + m_c \Delta \theta_{ij}(r) \tag{3-11}$$

式中：m_c——动量因子，一般取 0.95。

当网络权值进入误差曲面底部的平坦区时，δ_{ij} 将变得很小，于是 $\Delta w_{ij}(k+1) = \Delta w_{ij}(k)$，从而防止了 $\Delta w_{ij} = 0$ 的出现，有助于网络从误差曲面的局部极小值中跳出。

3.3　PSO-BP 神经网络耦合算法[5]

BP 神经网络的隐含层数目、网络连接权值、学习率和隐含层神经元数目是非常重要的网络拓扑结构参数，其取值直接关系到网络的拟合与泛化能力。理论上讲，隐含层层数越多、隐含层神经元个数越多，网络的学习泛化能力就越强，但由于人工神经网络算法理论基于经验风险最小化原则，极易陷入"维数灾难"和"过学习"的陷阱，在增加计算时间的同时，虽然提高了网络的学习拟合能力，却导致网络泛化推广能力的下降，因而这是一个多参数组合最优化问题，这就为各种仿生群智能最优化算法的应用提供了广阔的应用空间。

本书介绍和应用的 BP 神经网络为 3 层神经网络（只含 1 个隐含层）。此处采用粒子群快速全局寻优的特点对 BP 神经网络参数进行全局最优化搜索，以避免因参数人为指定而带来的试算次数过多且不保证收敛到最优解的问题。PSO-BP 神经网络耦合算法的实现步骤如下。

（1）PSOA 网络参数的初始化，包括粒子群规模、迭代次数、粒子随机解（粒子初速度和粒子初始位置）的确定。每个粒子向量代表一个BP神经网络模型，不同模型对应不同的BP神经网络连接权、学习率和隐含层神经元数目。

（2）学习样本的BP神经网络学习，同时对测试样本进行预测，计算出每个粒子的个体适应度值f_i。

（3）将（2）中算出的适应度值f_i与粒子在先前迭代历史中的最佳适应度值$f(\text{pbest}_i)$进行比较，如果$f(\text{pbest}_i) < f_i$，则用f_i取代前一轮的$f(\text{pbest}_i)$，用新的粒子取代前一轮的粒子。

（4）将每个粒子的最佳适应度值$f(\text{pbest}_i)$与所有粒子的最佳适应度值$f(\text{gbest})$进行比较，如果$f(\text{pbest}_i) < f(\text{gbest})$，则用该粒子的最佳适应度值取代原有全局最佳适应度值，同时保存粒子的当前状态。

（5）当计算达到预设迭代次数时结束计算，返回当前适应度值最小的粒子，获得最优解；否则需进行新一轮迭代，更新粒子的位置和速度，产生新的粒子，返回（2），直到满足最大迭代步，计算结束。PSO-BP神经网络耦合算法流程图如图3-6所示。

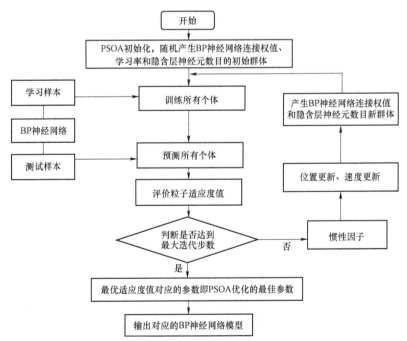

图 3-6 PSO-BP 神经网络耦合算法流程图

3.4 工程应用实例——隧道钻爆施工光面爆破参数的最优化

3.4.1 光面爆破参数优化的数学模型[5]

光面爆破参数的最优化问题实际上是一个有约束的多目标规划问题，即光面爆破工艺参数选择必须在满足爆破后围岩稳定的基础上使围岩松动圈和超欠挖最小化。依据《公路隧道设计细则》(JTG/T D70—2010) 中表 9.2.8 "允许洞周水平相对收敛值"的规定，考虑到通常隧道都为上、下台阶施工，水平收敛监测分阶段进行，不宜作为优化控制条件，且拱顶下沉较水平收敛对施工安全意义更为重大，故采用表 9.2.8 规定的拱顶下沉允许值作为光面爆破参数优化过程中的围岩稳定约束条件，即在优化过程中，围岩拱顶下沉不能超过表 9.2.8 规定的相应情况下的拱顶下沉允许值。

光面爆破参数优化数学模型可以表述为：

$$f = \min(v_1, v_2) \qquad (3-12)$$
$$\text{s.t. } v_3 < u_0 \qquad (3-13)$$

式中：v_1, v_2, v_3 ——围岩松动圈、超欠挖和拱顶下沉；

u_0 ——拱顶下沉允许值。

式（3-12）为优化目标函数，式（3-13）为优化约束条件。

3.4.2 光面爆破参数优化数学模型的求解方法[5]

对有约束的多目标规划问题，其标准求解方法分为两步。

（1）通过惩罚函数法，将有约束问题转化为无约束问题进行求解，我们所熟知的拉格朗日乘子法即为经典的罚函数法，如将约束条件乘以拉格朗日乘子后加到优化目标函数上，便可将有约束优化转化为无约束优化。结合式（3-12）、式（3-13），优化目标函数可以描述为：

$$f = \min[(v_1, v_2) + \lambda(u_0 - v_3)] \qquad (3-14)$$

式中：λ ——拉格朗日乘子，可以是一个常数，也可以是一个函数。

在本问题中，由于拱顶下沉 v_3 和拱顶下沉允许值 u_0 都为某一数值，故式（3–14）中惩罚项为常数。

（2）通过线性加权和法，进一步将无约束多目标规划转化为无约束单目标规划。数学模型可以描述为：

$$f = \min[(w_1 \cdot v_1 + w_2 \cdot v_2) + \lambda(u_0 - v_3)] \qquad (3\text{–}15)$$

式中：w_1, w_2 ——v_1, v_2 的权系数。

且有：

$$w_1 + w_2 = 1 \qquad (3\text{–}16)$$

对无约束单目标规划问题，可以有很多种求解方法，本书采用粒子群优化算法进行求解。

以上两步颠倒顺序也无不可，求解方法一样。

3.4.3　基于 PSO-BP 神经网络耦合算法的佛岭隧道光面爆破参数优化[5]

根据 3.4.2 节的求解方法，光面爆破参数优化最终转化为一个采用粒子群优化算法求解的无约束单目标规划问题，但输出变量（拱顶下沉、围岩松动圈和超欠挖）与输入变量（炮眼布置参数、围岩物理力学参数、埋深、围岩级别及装药参数）之间并无显式的数学方程，因而不能直接求解。

BP 神经网络具有强大的自学习、自适应和非线性映射能力，理论已经证明，只要隐含层包含足够多的神经元，即便一个 3 层的 BP 神经网络也可以任意精度逼近具有有限个断点的非连续函数，且其输入层和输出层变量个数不受限制，这已被广泛地应用于工程爆破领域。故本书采用 BP 神经网络建立光面爆破优化变量与求解变量之间的隐式数学模型。

但 BP 神经网络的性能与网络参数直接相关，如网络隐含层的神经元数目、网络连接权值，这是一个多参数的组合最优化问题，为了确定最优的 BP 神经网络拓扑结构，采用粒子群优化算法对 BP 神经网络连接权值和隐含层神经元数目进行最优化搜索，充分提高网络的泛化能力并发挥其强非线性映射的能力，以得到泛化性能最优的 BP 神经网络参数模型，建立起隧道光面爆破施工参数与拱顶下沉、围岩松动圈和超欠挖之间的非线性隐式映射关系，以用于隧道光面爆破施工参数的最优化。

3.4.4　BP 神经网络训练样本的获取[5]

对于围岩松动圈和超欠挖权重的取值,本书采用多专家赋权平均法,结果如表 3-1 所示。

光面爆破参数优化 BP 神经网络训练样本如表 3-2 所示,其中前 16 个样本作为 BP 神经网络训练的学习样本,第 17 和 18 个样本作为训练过程的测试样本。

表 3-1　围岩松动圈和超欠挖专家赋权表

优化变量	总体权重	分项权重	
围岩松动圈	0.4	左拱脚松动圈	0.2
		左拱腰松动圈	0.3
		右拱脚松动圈	0.2
		右拱腰松动圈	0.3
超欠挖	0.6		

表 3-2　光面爆破参数优化 BP 神经网络训练样本

测试断面里程	周边眼平均间距/cm	辅助眼平均间距/cm	周边眼最小抵抗线/cm	岩石单轴抗压强度/MPa	岩石弹性模量/GPa	岩石泊松比	埋深/m	围岩级别	周边眼装药集中度/(kg/m)	装药不耦合系数	拱顶下沉/mm	围岩松动圈/m	超欠挖/m³
ZK27+698	50	73	45	37.93	36.76	0.334	56	4	0.24	1.6	9.56	1.43	1.3
ZK27+693	54	85	57	41.2	37.11	0.333	48	4	0.25	1.6	8.48	1.158	−6.14
ZK27+683	54	79.	87	38.36	36.81	0.334	0	4	0.256	1.6	13.96	1.25	−1.12
YK25+235	46	84	90	48.2	37.85	0.331	114	4	0.3	1.6	13.24	1.67	−0.48
YK25+242	57	71	68	44.6	37.47	0.332	110	4	0.284	1.6	11.96	1.108	4.84
ZK25+761	65	154	56	36.38	36.6	0.334		5	0.248	1.6	8.62	1.12	−26.79
ZK25+790	35	65	48	26.6	35.56	0.338	46	5	0.204	1.6	14.08	2.146	12.99
ZK25+797	60	86	69	37.12	36.67	0.334	44	5	0.251	1.6	12.64	1.36	−7.42
ZK25+799	56	48	30	32.65	36.2	0.334	45	5	0.231	1.6	15.88	2.3	14.64
ZK25+804	56	51	44	28.39	35.75	0.337	45	5	0.212	1.6	15.56	2.26	15.9
ZK25+806	40	50	43	29.34	35.85	0.334	46	5	0.217	1.6	17.04	2.26	18.61
ZK25+833	56	115	50	31.8	36.11	0.334	50	5	0.227	1.6	18.7	2.32	−14.79

测试断面里程	周边眼平均间距/cm	辅助眼平均间距/cm	周边眼最小抵抗线/cm	岩石单轴抗压强度/MPa	岩石弹性模量/GPa	岩石泊松比	埋深/m	围岩级别	周边眼装药集中度/(kg/m)	装药不耦合系数	拱顶下沉/mm	围岩松动圈/m	超欠挖/m³
ZK25+856	68	100	47	25.6	35.45	0.338	58	5	0.2	1.6	18.34	1.56	−15.41
ZK25+897	59	123	59	30.6	35.98	0.336	80	4	0.222	1.6	9.72	1.4	−16.49
ZK25+917	77	150	48	31.4	36.07	0.334	84	4	0.226	1.6	13.44	1.25	−24.5
ZK25+920	77	118	43	33.1	36.25	0.338	85	4	0.233	1.6	13.42	1.22	−20.2
ZK25+943	79	120	46	34.3	36.38	0.335	87	4	0.238	1.6	12.66	1.1	−19.47
ZK25+949	83	110	50	33.7	36.31	0.335	88	4	0.24	1.6	15.38	1.946	−17.51

3.4.5 隧道光面爆破输入与输出参数 PSO-BP 智能映射模型的建立——网络训练[5]

采用图 3-6 所示的流程图和 PSO-BP 神经网络耦合算法实现步骤编程，BP 学习样本为表 3-2 中的前 16 个样本，后两个样本作为训练过程中检验 BP 学习效果的测试样本，采用 3 层 BP 神经网络，即输入层、隐含层和输出层。BP 神经网络输入层的节点 10 个，分别为周边眼平均间距、辅助眼平均间距、周边眼最小抵抗线、岩石单轴抗压强度、岩石弹性模量、岩石泊松比、埋深、围岩级别、周边眼装药集中度和装药不耦合系数。输出层节点 3 个，分别为拱顶下沉、围岩松动圈和超欠挖。

种群优化算法中种群规模为 10，进化代数为 50，$c_1 = c_2 = 2$，适应函数采取如下形式：

$$f = \sum_{i=1}^{2} \sum_{j=1}^{3} (u_{ij} - u'_{ij})^2 \qquad （3-17）$$

式中：u_{ij}——网络训练过程中第 i 个测试样本的第 j 个分量（拱顶下沉、围岩松动圈或超欠挖）的样本值；

u'_{ij}——网络训练过程中第 i 个测试样本的第 j 个分量（拱顶下沉、围岩松动圈或超欠挖）的 BP 神经网络预测值。

BP 神经网络训练的目的即使式（3-17）最小化，此时对应的网络参数即为最优 BP 神经网络参数。

经训练，获得的最优 BP 神经网络参数如表 3-3 所示。

表 3-3 最优 BP 神经网络参数

隐含层神经元数目	输入层-隐含层权值学习率	隐含层-输出层权值学习率	隐含层阈值学习率	输出层阈值学习率	适应度
30	0.2	0.8	0.627	0.288	0.218

至此，隧道光面爆破输入与输出参数的 PSO-BP 神经网络智能映射模型已经建立，可以用此模型来进行光面爆破参数的最优化。

3.4.6 基于 PSO-BP 神经网络耦合算法的隧道光面爆破参数优化——模型求解[5]

按 3.4.2 节所述的有约束多目标规划问题求解算法,利用上节已经建立起的隧道光面爆破输入与输出参数的 PSO-BP 神经网络智能映射模型对隧道光面爆破参数进行最优化求解,基于 PSO-BP 神经网络耦合算法的隧道光面爆破参数优化计算流程图如图 3-7 所示。

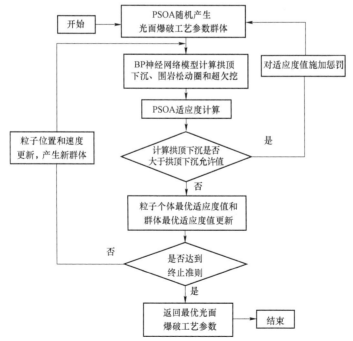

图 3-7 基于 PSO-BP 神经网络耦合算法的隧道光面爆破参数优化计算流程图

具体求解步骤如下。

（1）PSOA 在光面爆破工艺参数范围内随机生成周边眼平均间距、辅助眼平均间距、周边眼最小抵抗线、周边眼装药集中度和装药不耦合系数的初始群体值，每一组光面爆破工艺参数都用一个粒子向量表示。

（2）光面爆破输入与输出参数最优 BP 神经网络映射模型对上一步的光面爆破工艺参数初始群体值进行计算，计算出每个粒子的拱顶下沉、围岩松动圈和超欠挖，并代入 PSOA 适应函数式（3-17）计算每个粒子的适应度值 f_i。

（3）进行约束条件判断，如计算拱顶下沉大于拱顶下沉允许值，则对其适应度值追加某一大数进行惩罚，计算转入（1）；如计算拱顶下沉小于拱顶下沉允许值，则计算转入下一步。

把（2）中算出的适应度值 f_i 与粒子在先前迭代历史中的最佳适应度值 $f(\text{pbest}_i)$ 比较，如果前者小于后者，则用新的适应度值取代前一轮的 $f(\text{pbest}_i)$，用新的粒子取代前一轮的粒子。将每个粒子的最佳适应度值 $f(\text{pbest}_i)$ 与所有粒子的最佳适应度值 $f(\text{gbest})$ 进行比较，如果 $f(\text{pbest}_i) < f(\text{gbest})$，则用该粒子的最佳适应度值取代原有全局最佳适应度值，同时保存粒子的当前状态，计算转入（2）。

（4）当计算满足预设终止准则时结束计算并返回当前适应度值最小的粒子，找到最优解；如果不满足终止条件，再进行新一轮迭代，并更新粒子的位置和速度，即产生新群体，返回（2），直到满足计算终止准则，计算结束，得到最优光面爆破工艺参数。

光面爆破工艺参数搜索范围按表 3-4 取值，辅助眼平均间距取为 60～90 cm。

表 3-4 光面爆破工艺参数搜索范围

参数岩石 种类	单轴饱和抗 压极限强度/ MPa	装药不耦合 系数	周边眼平均 间距/mm	周边眼最小 抵抗线/mm	相对距离/ V	周边眼装药 集中度/ （kg/m）
硬岩	>60	1.25～1.5	550～700	700～850	0.8～1.0	0.30～0.35
中硬岩	30～60	1.50～2.00	450～600	600～750	0.8～1.0	0.20～0.30
软岩	≤30	2.00～2.50	300～500	400～600	0.5～0.8	0.07～0.15

注：1. 软岩隧道光面爆破的相对距离宜取小值；

2. 装药集中度按 2 号岩石硝铵炸药考虑。当采用其他炸药时，应进行换算。

采用与网络训练一样的 PSOA 参数，优化时 PSOA 的适应函数为：

$$f = 0.4v_1 + 0.6|v_2| \qquad (3-18)$$

式（3-18）中，v_1, v_2 分别代表 BP 神经网络计算围岩松动圈和 BP 神经网络计算超欠挖；$|v_2|$ 表示对 BP 神经网络计算超欠挖取绝对值。

约束条件为：

$$u < u_0 \qquad (3-19)$$

对不满足式（3-19）的光面爆破工艺参数施加惩罚，PSOA 适应函数转化为：

$$f' = 0.4v_1 + 0.6|v_2| + C \qquad (3-20)$$

式中：u, u_0——BP 神经网络计算拱顶下沉和拱顶下沉允许值；

C——惩罚参数。

拱顶下沉允许值按《公路隧道设计细则》（JTG/T D70—2010）中表 9.2.8 "允许洞周水平相对收敛值"的规定（见表 3-5），由输入围岩级别、岩石抗压强度和埋深确定。拱顶下沉允许值取对应允许水平相对收敛值的 1.0 倍。

表 3-5　允许洞周水平相对收敛值　　　　单位：%

围岩级别	埋深/m		
	<50	50~300	>300
Ⅲ	0.10~0.30	0.20~0.50	0.40~1.20
Ⅳ	0.15~0.50	0.40~1.20	0.80~2.00
Ⅴ	0.20~0.80	0.60~1.60	1.00~3.00

注：① 水平相对收敛值系指收敛位移累计值与两测点间距离之比；
② 硬质围岩隧道取表中较小值，软质围岩隧道取表中较大值；
③ 拱顶下沉允许值一般可按本表数值的 0.5~1.0 倍采用；
④ 本表所列数值在施工过程中可通过实测和资料积累做适当修正。

对不满足约束条件的光面爆破工艺参数，按 3.4.2 节所述惩罚函数法理论，按式（3-20）在其适应函数式（3-18）上追加一大数（本书取 $C = 100\,000$）使其淘汰，不能进入下一轮的优化，从而保证优化都在满足约束条件（可行解）的基础上进行。

光面爆破工艺参数最优化过程即在表 3-4 给定的光面爆破工艺参数搜索范围内，在满足式（3-19）的前提下，采用 PSOA 搜索到能使式（3-18）

最小的光面爆破工艺参数。

3.4.7 基于 PSO-BP 神经网络耦合算法的隧道光面爆破参数优化——工程算例

以佛岭隧道左线 ZK27+467 断面为例，经现场简单勘测，得出岩石单轴抗压强度为 30.9 MPa，弹性模量为 35.88 GPa，泊松比为 0.335，埋深 11 m，围岩级别为 IV 级，按表 3-4，其光面爆破工艺参数搜索范围应为中硬岩对应的范围；按表 3-5，可以计算该处拱顶下沉允许值为 11.1×1.5＝16.65 mm，两车道高速公路隧道开挖宽度为 11.1 m，经优化计算得到最优光面爆破工艺参数如表 3-6 所示。

表 3-6　佛岭隧道 ZK27+467 断面最优光面爆破工艺参数

周边眼平均间距/cm	辅助眼平均间距/cm	周边眼最小抵抗线/cm	周边眼装药集中度/(kg/m)	装药不耦合系数	计算围岩松动圈/m	计算超欠挖/m³	计算拱顶下沉/mm
53.65	86.60	67.27	0.23	1.86	1.84	0.006 2	14.56

从表 3-6 可见，优化得出的光面爆破工艺参数都在表 3-4 中"中硬岩"的搜索范围内，且计算拱顶下沉小于拱顶下沉允许值，计算围岩松动圈也小于 IV 级围岩锚杆长度 2.5～3.0 m，表明优化是成功的。

图 3-8 为佛岭隧道 ZK27+467 断面采用表 3-6 所示优化的光面爆破工艺参数进行爆破后的照片，可以看出爆破后围岩周边眼清晰可见，半孔率高于 80%，几乎无超挖、欠挖现象，证明所选择的爆破工艺参数比较合适。

图 3-8　佛岭隧道 ZK27+467 断面采用优化的光面爆破工艺参数进行爆破后的照片

4

支持向量机算法及其在岩土
工程领域的应用

4.1　支持向量机产生的背景

传统统计模式识别的方法都是在样本足够多的前提下进行研究的，所提出的各种方法只有在样本数趋向无穷大时其性能才有理论上的保证。而在多数实际应用中，样本数通常是有限的，这使许多方法都难以取得理想的效果。直到 20 世纪 90 年代中期，有限样本情况下的机器学习理论研究才逐渐成熟起来，形成了一个较完善的理论体系——统计学习理论（statistical learning theory，SLT）。在此理论的基础上发展出了一种新的机器学习算法——支持向量机（support vector machine，SVM），这种算法在解决小样本、非线性及高维模式识别问题上表现出许多特有的优势，并能够推广应用到函数拟合、概率密度估计等其他机器学习问题中。虽然 SLT 和 SVM 中尚有许多问题需要进一步研究，但很多学者认为，它们正在成为继模式识别和神经网络之后机器学习领域新的研究热点，并将推动机器学习理论和技术取得重大进展。

4.2 机器学习的基本问题和方法

4.2.1 机器学习问题

1. 机器学习问题的表示[6]

如图 4-1 机器学习基本模型所示，机器学习问题可以表示为：已知变量 y 和 x 之间存在一定的未知依赖关系，即存在一个未知的联合概率 $F(x,y)$（y 和 x 之间的确定性关系可以看作一个特例），机器学习就是根据以下 n 个独立同分布观测样本：

$$(x_1, y_1), (x_2, y_2), \cdots, (x_n, y_n) \tag{4-1}$$

在一组函数 $\{f(x,w)\}$ 中求一个最优的函数 $f(x, w_0)$，使预测的期望风险最小。

$$R(w) = \int L(y, f(x, w)) \mathrm{d}F(x, y) \tag{4-2}$$

式中：$\{f(x,w)\}$——预测函数集，$w \in \Omega$ 为函数的广义参数，故 $\{f(x,w)\}$ 可以表示任何函数集；

　　　$L(y, f(x, w))$——损失函数，表示由用 $f(x, w)$ 对 y 进行预测而造成的损失。

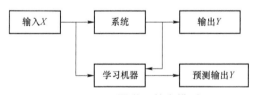

图 4-1　机器学习基本模型

不同类型的学习问题有不同形式的损失函数。预测函数通常也称作学习函数、学习模型或学习机器。

基本的机器学习问题有 3 类：模式识别、函数拟合和概率密度估计。

对于模式识别问题，系统输出就是类别标号。$y = \{0, 1\}$ 或 $y = \{-1, 1\}$ 是二值函数，此时预测函数称作指示函数，损失函数可以定义为：

$$L\left(y,f\left(x,w\right)\right)=\begin{cases}0, & y=f\left(x,w\right)\\ 1, & y\neq f\left(x,w\right)\end{cases} \qquad （4-3）$$

类似地，在函数拟合问题中，y 是连续变量，它是 x 的函数，这时损失函数可以定义为：

$$L\left(y,f\left(x,w\right)\right)=\left(y-f\left(x,w\right)\right)^{2} \qquad （4-4）$$

只要把函数的输出通过一个域值转化为二值函数，函数拟合问题就可以转变为模式识别问题。

对概率密度估计问题，学习的目的是根据训练样本确定 x 的概率分布，若估计的概率密度函数为 $p\left(x,w\right)$，则损失函数可以定义为：

$$L\left(p\left(x,w\right)\right)=-\log p\left(x,w\right) \qquad （4-5）$$

2. 经验风险最小化[6]

对式（4-2）定义的期望风险最小化，必须依赖关于联合概率 $F\left(x,y\right)$ 的信息，但在实际的机器学习问题中预先并不知道先验概率和条件概率密度，只能利用样本式（4-1）的信息，故期望风险无法直接计算和最小化。

由概率论中大数定理的思想，自然想到用算术平均代替式（4-2）中的数学期望，定义：

$$R_{\mathrm{emp}}\left(w\right)=\frac{1}{n}\sum_{i=1}^{n}L\left(y_{i},f\left(x_{i},w\right)\right) \qquad （4-6）$$

来逼近式（4-2）定义的期望风险。由于 $R_{\mathrm{emp}}\left(w\right)$ 是用已知的训练样本（即经验数据）定义的，故称作经验风险。用对参数 w 求经验风险 $R_{\mathrm{emp}}\left(w\right)$ 的最小值代替求期望风险 $R\left(w\right)$ 的最小值，这就是所谓的经验风险最小化（experiential risk minimization，ERM）原则。

在函数拟合问题中，将式（4-4）定义的损失函数代入式（4-6）并使其最小化，就得到了传统的最小二乘法；在概率密度估计中，采用式（4-5）的损失函数的经验风险最小化方法就是最大似然法。

可以发现，从期望风险到经验风险最小化并没有可靠的理论依据，只是直观上合理的想当然做法。$R_{\mathrm{emp}}\left(w\right)$ 和 $R\left(w\right)$ 都是 w 的函数，大数定理只说明了（在一定条件下）当样本趋于无穷多时 $R_{\mathrm{emp}}\left(w\right)$ 将在概率意义上趋近于 $R\left(w\right)$，并没有保证使 $R_{\mathrm{emp}}\left(w\right)$ 最小的 w^{*} 与使 $R\left(w\right)$ 最小的 w'^{*} 是同一个点，

更不能保证 $R_{emp}(w^*)$ 能够趋近于 $R(w'^*)$。即使有办法使这些条件在样本数无穷大时得到保证，也无法认定在这些前提下得到的经验风险最小化方法在样本数目有限时仍能得到好的结果。

3. 复杂性与推广性

学习机器对未来输出进行正确预测的能力称为推广性。在某些情况下，当训练误差过小反而会导致推广性的下降，这就是所谓的过学习（overfitting）问题。之所以出现这种现象，一个原因是学习样本不充分，另一个原因是学习机器设计不合理，这两个问题是相互关联的。用一个复杂的模型去拟合有限的样本，结果导致丧失了推广性。在很多情况下，即使已知问题中的样本来自某个比较复杂的模型，但由于训练样本有限，用复杂的预测函数对通常也不如用相对简单的预测函数，当有噪声存在时更是如此。

在有限样本情况下学习精度和推广性之间的矛盾似乎不可调和，复杂的学习机器在降低学习误差的同时也降低了推广性。

4.2.2 统计学习理论[6]

统计学习理论被认为是目前针对小样本统计估计和预测学习的最佳理论，它系统研究了经验风险最小化原则成立的条件、在有限样本情况下经验风险与期望风险的关系，以及如何利用这些理论找到新的学习原则和方法等问题。

1. 学习过程一致性的条件

记 $f(x,w^*)$ 为在式（4-1）的 n 个独立同分布观测样本下在函数集中使经验风险取最小的预测函数，由它带来的损失函数为 $L(y,f(x,w^*|n))$，相应的最小经验风险值为 $R_{emp}(w^*|n)$。记 $R(w^*|n)$ 为在 $L(y,f(x,w^*|n))$ 下的式（4-2）所取得的真实风险值（期望风险值）。当下面两式成立时称这个经验风险最小化学习过程是一致的：

$$R(w^*|n) \xrightarrow[n\to\infty]{} R(w_0) \tag{4-7}$$

$$R_{emp}(w^*|n) \xrightarrow[n\to\infty]{} R(w_0) \tag{4-8}$$

式中：$R(w_0) = \inf R(w)$ 为实际可能的最小风险，即式（4-2）的下确界或最小值。

引入学习理论的关键定埋，对于有界的损失函数，经验风险最小化学习一致性的充要条件是经验风险在以下意义上一致地收敛于真实风险：

$$\lim_{n \to \infty} P \left[\sup_w \left(R(w) - R_{\text{emp}}(w) \right) > \varepsilon \right] = 0, \forall \varepsilon > 0 \qquad (4-9)$$

式中：P 为概率，$R_{\text{emp}}(w)$ 和 $R(w)$ 分别表示在 n 个样本下的经验风险和对于同一 w 的真实风险。

学习理论的关键定理把学习一致性的问题转化为式（4-9）的一致收敛问题。由于在学习过程中，经验风险和期望风险都是预测函数的函数（泛函），目标不是用经验风险去逼近期望风险，而是通过求使经验风险最小化的函数来逼近能使期望风险最小化的函数，因此其一致性条件比传统统计学中的一致性条件更严格。

虽然学习理论的关键定理给出了经验风险最小化原则成立的充要条件，但并没有给出什么样的学习方法能够满足这些条件。为此统计学习理论定义了一些指标来衡量函数集的性能，其中最重要的是 VC 维。

2. 函数集的学习性能与 VC 维

定义以下几个概念。

随机熵，指示函数集对某个样本集能实现的不同分类组合数目的对数，记为 $H(Z_n)$，即：

$$H(Z_n) = \ln N(Z_n) \qquad (4-10)$$

指示函数集的熵，指示函数集在所有样本数为 n 的样本集上的随机熵的期望值叫作指示函数集在样本数 n 上的熵，记作 $H(n)$，即：

$$H(n) = E \left(\ln N(Z_n) \right) \qquad (4-11)$$

生长函数，函数集的生长函数 $G(n)$ 定义为其在所有可能的样本集上的最大随机熵，即：

$$G(n) = \ln \max_{Z_n} N(Z_n) \qquad (4-12)$$

退火的 VC 熵：

$$H_{\text{ann}}(n) = \ln E \left(N(Z_n) \right) \qquad (4-13)$$

定理 1 函数集学习过程双边一致收敛的充要条件是：

$$\lim_{n \to \infty} \frac{H(n)}{n} = 0 \qquad (4-14)$$

定理 2 函数集学习过程收敛速度快的充分条件是:

$$\lim_{n \to \infty} \frac{H_{\text{ann}}(n)}{n} = 0 \qquad (4-15)$$

定理 3 函数集学习的一致收敛的充要条件是对任意的样本分布,都有:

$$\lim_{n \to \infty} \frac{G(n)}{n} = 0 \qquad (4-16)$$

定理 1、定理 2、定理 3 被称作学习理论的三个里程碑,在不同程度上回答了在什么条件下一个遵循经验风险最小化原则的学习机器,当样本数趋向无穷大时收敛于期望风险最小的最优解,而且收敛的速度是快的。

定理 4 所有函数集的生长函数或者与样本数成正比,即:

$$G(n) = n\ln 2 \qquad (4-17)$$

或者以下列样本数的某个对数函数为上界,即:

$$G(n) \le h\left(\ln \frac{n}{h} + 1\right), n > h \qquad (4-18)$$

VC(vapnik and chervonenkis)维:假如存在一个有 h 个样本的样本集能够被一个函数集中的函数按照所有可能的 2^k 种形式分为两类,则称函数集能够把样本数为 h 的样本集打散。指示函数集的 VC 维就是用这个函数集中的函数所能够打散的最大样本集的样本数。

3. 推广性的界

定理 5 对于两类分类问题,对指示函数集中的所有函数(当然也包括使经验风险最小的函数),经验风险和实际风险之间至少以概率 $1-\eta$ 满足以下关系:

$$R(w) \le R_{\text{emp}}(w) + \frac{1}{2}\sqrt{\varepsilon} \qquad (4-19)$$

当函数集包含无穷多个元素(即参数 w 有无穷多个取值可能)时:

$$\varepsilon = \alpha_1 \frac{h\left(\ln \frac{\alpha_2 n}{h} + 1\right) - \ln(\eta/4)}{n} \qquad (4-20)$$

当函数集中包含有限多个(N 个)元素时:

$$\varepsilon = 2\frac{\ln N - \ln \eta}{n} \qquad (4-21)$$

其中 h 为函数集的 VC 维。

定理 6　对于函数集中的所有函数（包括使经验风险最小化的函数），下列关系至少以概率 $1-\eta$ 成立：

$$R(w) \leqslant R_{\text{emp}}(w) + \frac{B\varepsilon}{2}\left(1 + \sqrt{1 + \frac{4R_{\text{emp}}(w)}{B\varepsilon}}\right) \qquad (4-22)$$

由定理 5 和定理 6 可知，经验风险最小化原则下学习机器的实际风险是由两部分组成的，可以写为：

$$R(w) \leqslant R_{\text{emp}}(w) + \Phi\left(\frac{n}{h}\right) \qquad (4-23)$$

其中前一部分为训练样本的经验风险，后一部分为置信范围。

当 n/h 较小时，置信范围较大，用经验风险近似真实风险就有较大的误差，学习机器的推广性较差；反之，经验风险最小化的解就接近实际的最优解。另外，对于特定问题，样本数 n 是固定的，学习机器的 VC 维越高（即复杂性越高），置信范围越大，导致真实风险与经验风险之间可能的差就越大。故在设计学习机器时，不但要使经验风险最小化，还要使 VC 维尽量小，从而缩小置信范围。

4. 结构风险最小化

从前面的讨论可知，在有限样本情况下，传统机器学习方法是无法同时最小化经验风险和置信范围的。下面介绍一种新的策略来解决这个问题。

如图 4-2 所示，先把函数集 $S = \{f(x,w), w \in \Omega\}$ 分解为一个函数子集序列：

$$S_1 \subset S_2 \subset \cdots \subset S_k \subset S$$

使各个子集能够按照 Φ 的大小排列，也就是按照 VC 维的大小排列，即：

$$h_1 \leqslant h_2 \leqslant \cdots \leqslant h_k$$

这样在同一个子集中置信范围就相同。在每一个子集中寻找最小经验风险，通常它随着子集复杂度的增大而减小。选择最小经验风险与置信范围之和最小的子集，就可以实现期望风险的最小化，这个子集中使经验风险最小的函数就是要求的最优函数，这种思想叫作结构风险最小化（structural risk minimization，SRM）或有序风险最小化原则，简称 SRM 原则。

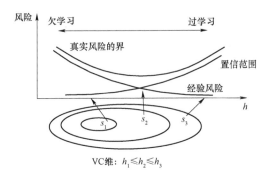

图 4-2 结构风险最小化示意图

在结构风险最小化原则下，学习机器的设计过程包括两个方面的任务。

（1）选择一个适当的函数子集。

（2）从这个子集中选择一个函数使经验风险最小。

第一步相当于模型选择，第二步相当于确定了函数形式后的参数估计。

4.3 支持向量机算法理论

统计学习理论是由 Vapnik 等人在 20 世纪 70 年代末提出的一种有限样本的统计理论。这个理论针对小样本统计问题建立了一套新的理论体系，在这种体系下的统计理论规则不仅考虑对渐进性能的要求，而且追求在现有有限信息的条件下得到最优结果。

支持向量机算法是到目前为止统计学习理论最成功的运用。它是建立在统计学习理论的 VC 维理论和结构风险最小化原理基础上的，根据有限的样本信息在模型的复杂性和学习能力之间寻求最佳折中，以期获得最好的推广性。

4.3.1 支持向量分类算法[6]

支持向量分类（support vector classification，SVC）算法是支持向量机算

法中的一种。对于分类问题，支持向量机算法根据区域中的样本计算该区域的决策曲面，由此确定该区域中未知样本的类别。

1. 线性可分

以两类线性可分为例，图 4-3 为最优化分类面示意图，设有 n 维样本向量，某区域的 k 个样本及其所属类别表示为：

$$(x_1, y_1), (x_2, y_2), \cdots, (x_k, y_k) \in \mathbb{R}^n \times \{\pm 1\} \qquad (4-24)$$

超平面：

$$w \cdot x + b = 0 \qquad (4-25)$$

将样本分为两类。最好的超平面应使两类样本到超平面最小的距离为最大。

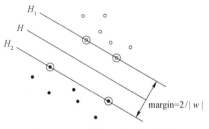

图 4-3 最优分类面示意图

在式（4-25）中，两边同乘以系数后等式仍然成立。设对所有样本 x_i，式 $|(w \cdot x_i) + b|$ 的最小值为 1，则样本与此最佳超平面的最小距离应为 $|(w \cdot x_i) + b|/|w| = 1/|w|$。最佳超平面应满足约束：

$$y_i \left[(w \cdot x_i) + b \right] \geqslant 1 \qquad (4-26)$$

w, b 优化条件应使两类样本到超平面最小的距离之和 $2/\|w\|$ 为最大。过两类样本中离分类 w, b 面最近的点且平行于最优分类面的超平面 H_1, H_2 上的训练样本就是式（4-26）中使等号成立的那些样本，它们叫作支持向量。最优分类面问题可以表示成以下的约束优化问题，即在式（4-26）的约束条件下，求函数：

$$\phi(w) = \frac{1}{2} \|w\|^2 = \frac{1}{2} (w \cdot w) \qquad (4-27)$$

的最小值。定义 Lagrange 函数：

$$L(w,b,\alpha) = \frac{1}{2}(w \cdot w) - \sum_{i=1}^{k} \alpha_i \left\{ y_i \left[(w \cdot x_i) + b \right] - 1 \right\} \qquad (4-28)$$

其中，$\alpha_i > 0$，为 Lagrange 系数，问题是对 w,b 求 Lagrange 函数的极小值。对式（4-28）分别求 w,b 的偏微分，并令它们等于零，就可以把原问题转化为较简单的对偶问题，对 α_i 求下列函数的最大值：

$$Q(\alpha) = \sum_{i=1}^{k} \alpha_i - \frac{1}{2} \sum_{i,j=1}^{k} \alpha_i \alpha_j y_i y_j (x_i \cdot x_j) \qquad (4-29)$$

约束条件：

$$\begin{cases} \sum_{i=1}^{k} y_i \alpha_i = 0 \\ \alpha_i \geqslant 0, i = 1, \cdots, k \end{cases} \qquad (4-30)$$

若 α_i^* 为最优解，则：

$$w^* = \sum_{i=1}^{k} \alpha_i^* y_i x_i \qquad (4-31)$$

即最优分类面的权系数向量是训练样本向量的线性组合。这是一个不等式约束条件下求二次函数极值问题，存在唯一解。根据 Kuhn-Tucker 条件，这个优化问题的解必须满足：

$$\alpha_i \left(y_i (w \cdot x_i + b) - 1 \right) = 0, i = 1, \cdots, k \qquad (4-32)$$

故对于多数样本 α_i^* 将为零，取值不为零的 α_i^* 对应于使式（4-26）等号成立的样本即支持向量，它们通常只是全体样本中很少的一部分。求解上述问题后得到的最优分类函数为：

$$f(x) = \text{sgn}\left\{ (w^* \cdot x) + b^* \right\} = \text{sgn}\left\{ \sum_{i=1}^{k} \alpha_i^* y_i (x_i \cdot x) + b^* \right\} \qquad (4-33)$$

sgn() 为符号函数。由于非支持向量对应的 α_i 均为 0，因此式（4-33）中的求和实际上只对支持向量进行。b^* 是分类的阈值，可以由任意一个支持向量用式（4-26）求得（因为支持向量满足其中的等式），或通过两类中任意一对支持向量取中值求得。

2. 线性不可分

在式（4-26）中增加一个松弛项 $\varepsilon_i \geqslant 0$，变为：

$$y_i \left[(w \cdot x_i) + b \right] - 1 + \varepsilon_i \geqslant 0 \qquad (4-34)$$

在这一条件下使分类间隔最大就可以使错分样本数最小，这样得出的优化问题与在可分情况下基本相同，只是式（4-30）变为：

$$\begin{cases} \sum_{i=1}^{k} y_i \alpha_i = 0 \\ C \geqslant \alpha_i \geqslant 0, i = 1, \cdots, k \end{cases} \qquad (4-35)$$

其中 C 为一个常数，用于控制对错分样本惩罚的程度。在这种情况下的分类面称为广义最优分类面。最后得到的最优分类函数与线性可分几乎完全相同。

3. 非线性分类

在这种情况下，先用一非线性映射 Φ 把数据从原输入空间 $\mathbb{R}^n$ 映射到一个高维特征空间 Ω，再在高维特征空间建立优化超平面。高维特征空间 Ω 的维数可能是非常高的。SVM 巧妙地解决了这一问题。在线性分类中，其寻优函数式和分类函数式只涉及训练样本之间的内积运算。在高维特征空间 Ω，原优化问题中的内积运算就变成了新空间中的内积运算。实际上，没有必要知道采用的非线性变换的形式，只需要知道它的内积运算即可。只要一种运算满足 Mercer 条件，它就可以作为特征空间的内积，通过它可以实现十分复杂的非线性分类，而计算复杂度没有增加。此时式（4-29）可写为：

$$Q(\alpha) = \sum_{i=1}^{n} \alpha_i - \frac{1}{2} \sum_{i,j=1}^{n} \alpha_i \alpha_j y_i y_j K(x_i, x_j) \qquad (4-36)$$

其中 $K(x_i, x_j)$ 为内积函数，且有：

$$K(x_i, x_j) = \phi(x_i) \cdot \phi(x_j) \qquad (4-37)$$

相应的分类函数为：

$$f(x) = \text{sign}\left(\sum_{i=1}^{n} \alpha_i^* y_i K(x_i, x) + b^* \right) \qquad (4-38)$$

$K(x, y)$ 称为核函数，常用的核函数有以下几种。

（1）线性核函数：

$$K(x, y) = x \cdot y \qquad (4-39)$$

（2）多项式核函数：

$$K(x, y) = (x \cdot y + 1)^d \qquad d = 1, 2, \cdots \qquad (4-40)$$

（3）径向基函数核函数：

$$K(x,y)=\exp\left(-\frac{\|x-y\|^2}{2\sigma^2}\right) \tag{4-41}$$

（4）Sigmoid 核函数：

$$K(x,y)=\tan\left[v(x\bullet y)+c\right] \tag{4-42}$$

（5）傅里叶函数核函数：

$$K(x,y)=\frac{\sin\left(N+\frac{1}{2}\right)(x-y)}{\sin\left(\frac{1}{2}(x-y)\right)} \tag{4-43}$$

（6）样条函数核函数：

$$K(x,y)=1+\langle x,y\rangle+\frac{1}{2}\langle x,y\rangle\min(x,y)-\frac{1}{6}\langle x,y\rangle\min(x,y)^3 \tag{4-44}$$

（7）B 样条函数核函数：

$$K(x,y)=B_{2N+1}(x-y) \tag{4-45}$$

（8）附加核函数：

$$K(x,y)=\sum_i K_i(x,y) \tag{4-46}$$

（9）张量函数核函数：

$$K(x,y)=\prod_i K_i(x_i,y_i) \tag{4-47}$$

4.3.2 支持向量回归算法[6]

在支持向量回归（support vector regression，SVR）算法中，本书主要介绍基于 $\varepsilon-$insensitive 损失函数的 $\varepsilon-$SVR 算法，理论已经证明，$\varepsilon-$SVR 算法虽然不是唯一的 SVR 算法，但却是最有效、最常见的支持向量回归算法。

1. 线性回归

设样本为 n 维向量，某区域的 k 个样本及其值表示为 $(x_1,y_1),(x_2,y_2),\cdots,(x_k,y_k)\in R^n\times R$，线性函数设为：

$$f(x)=w\bullet x+b \tag{4-48}$$

优化问题是最小化：

$$R\left(w,\xi,\xi^*\right)=\frac{1}{2}w\bullet w+C\sum_{i-1}^{k}\left(\xi_i+\xi_i^*\right) \qquad (4-49)$$

约束条件为：

$$\begin{cases} f\left(x_i\right)-y_i\leqslant\xi_i^*+\varepsilon \\ y_i-f\left(x_i\right)\leqslant\xi_i+\varepsilon \\ \xi_i,\xi_i^*\geqslant 0 \end{cases} \qquad (4-50)$$

式（4-49）中第一项使函数更为平坦，以提高泛化能力，第二项则为减小误差，C 对两者做出折中。约束条件中 ε 为一正常数。

对这一凸二次优化问题，引入 Lagrange 函数：

$$L\left(w,b,\xi,\xi^*,\alpha,\alpha^*,\gamma,\gamma^*\right)=\frac{1}{2}w\bullet w+C\sum_{i=1}^{k}\left(\xi_i+\xi_i^*\right)-$$
$$\sum_{i-1}^{k}\alpha_i\left[\xi_i+\varepsilon-y_i+f\left(x_i\right)\right]-$$
$$\sum_{i=1}^{k}\alpha_i^*\left[\xi_i^*+\varepsilon+y_i-f\left(x_i\right)\right]-\sum_{i=1}^{k}\left(\xi_i\gamma_i+\xi_i^*\gamma_i^*\right)$$
$$(4-51)$$

其中，$\alpha_i,\alpha_i^*\geqslant 0,\gamma_i,\gamma_i^*\geqslant 0,i=1,\cdots,k$。

对式（4-51）进行偏微分，并令各式等于零，得到：

$$\begin{cases} \sum_{i=1}^{k}\left(\alpha_i-\alpha_i^*\right)=0 \\ w=\sum_{i=1}^{k}\left(\alpha_i-\alpha_i^*\right)x_i \\ C-\alpha_i-\gamma_i=0 \\ C-\alpha_i^*-\gamma_i^*=0 \end{cases} \qquad (4-52)$$

将（4-52）代入式（4-51），即得到优化问题的对偶形式，最大化函数：

$$W\left(\alpha,\alpha^*\right)=-\frac{1}{2}\sum_{i,j=1}^{k}\left(\alpha_i-\alpha_i^*\right)\left(\alpha_j-\alpha_j^*\right)\left(X_i\bullet X_j\right)+$$
$$\sum_{i=1}^{k}\left(\alpha_i-\alpha_i^*\right)y_i-\sum_{i=1}^{k}\left(\alpha_i+\alpha_i^*\right)\varepsilon$$
$$(4-53)$$

约束条件为：

$$\begin{cases} \sum_{i=1}^{k}\left(\alpha_i - \alpha_i^*\right) = 0 \\ 0 \leqslant \alpha_i, \alpha_i^* \leqslant C \end{cases}$$ （4-54）

这也是一个二次优化问题，式（4-48）中 w 可由式（4-52）得到，b 的求法与分类情况相同。

2. 非线性回归

与非线性分类相似，先使用一个非线性映射把数据映射到一个高维特征空间，再在高维特征空间进行回归，关键问题也是核函数的采用，优化问题变为在式（4-54）的约束下最大化函数：

$$W\left(\alpha, \alpha^*\right) = -\frac{1}{2}\sum_{i,j=1}^{k}\left(\alpha_i - \alpha_i^*\right)\left(\alpha_j - \alpha_j^*\right)K\left(X_i, X_j\right) + \\ \sum_{i=1}^{k}\left(\alpha_i - \alpha_i^*\right)y_i - \sum_{i=1}^{k}\left(\alpha_i + \alpha_i^*\right)\varepsilon$$ （4-55）

此时：

$$w = \sum_{i=1}^{k}\left(\alpha_i - \alpha_i^*\right)\phi\left(X_i\right)$$ （4-56）

难以求得显式的表示，但函数 $f(x)$ 可直接表示为：

$$f(x) = \sum_{i=1}^{k}\left(\alpha_i - \alpha_i^*\right)K\left(X, X_i\right) + b$$ （4-57）

结合 Kuhn-Tucker 定理和式（4-52），得到：

$$\varepsilon - y_i + f\left(x_i\right) = 0 \quad 对于 \quad \alpha_i \in (0, C)$$ （4-58）

$$\varepsilon + y_i - f\left(x_i\right) = 0 \quad 对于 \quad \alpha_i^* \in (0, C)$$ （4-59）

由以上两式可以求出 b，令：

$$\beta_i = \alpha_i - \alpha_i^*$$ （4-60）

当 β_i 非零时，其对应的训练样本就是支持向量，又由于 $\alpha_i, \alpha_i^* \geqslant 0$，故支持向量也就是有一个 Lagrange 乘子 $\left(\alpha_i 或 \alpha_i^*\right)$ 大于零的训练样本。

4.3.3 支持向量机算法特点总结

支持向量机作为一种不同于传统机器学习的新算法，其基本思想可以概括为：首先通过非线性变换将输入空间变换到一个新空间，然后在这个新空间中求取最优线性分类面，而这种非线性变换是通过定义适当的内积函数实现的。SVM 算法具有以下特点。

（1）传统方法先试图将原输入空间降维（特征选择和特征变换），而 SVM 算法是设法将输入空间升维，以求在高维空间中变得线性可分（或接近线性可分）。升维后只是改变了内积运算，通过引入核函数，并没有使算法复杂性随维数增加而增加，从而避免了维数灾难。

（2）SVM 算法是基于结构风险最小化原理的，在小样本情况下，其最小值较经验风险最小化原理更接近于期望风险。

（3）SVM 算法的分类超平面正好居于两类的正中间，推广性好，而基于经验风险最小化原理的分类超平面却具有倾向性。

（4）SVM 算法设计的分类器的期望错误率与维数无关，而是取决于训练样本中支持向量的比例。从某种意义上说，压缩了数据，保留了类别信息。

（5）SVM 算法最终归结为求解一个凸二次优化问题，能够保证得到的极值解就是全局最优解。

（6）判别函数（拟合函数）由支持向量唯一决定。

4.4 支持向量机算法在岩土工程中的应用

支持向量机算法自 20 世纪 90 年代末期引入我国以来，在手写体汉字识别、文本分类、网页分类、入侵检测及图像处理等人工智能领域得到了广泛应用。在岩土工程领域，支持向量机算法也被用于岩爆预测、边坡稳定性估计、工程岩体分类、位移反分析、非线性时间序列建模等领域。本书主要引入支持向量机函数拟合算法，即支持向量回归算法，简要介绍作者利用支持向量回归算法在岩石力学与工程领域的一些研究成果。

4.4.1 位移非线性时间序列采用支持向量机算法的智能建模与预测

位移是岩体结构在开挖或变形过程中反馈的一个重要信息。通过对岩体结构位移的实时监测，可以及时了解岩体结构的稳定状态的变化情况，一方面可以按照需要对其进行稳定性控制，另一方面也可以利用位移反分析方法来预测岩体结构荷载的未来变化情况。然而，由于现场施工条件的限制或由于监测人员的技术水平有限，经常导致现场数据存在较大误差或数据残缺不全。同时，位移随时间演化的过程是一个时间序列，目前用于位移序列演化特征的建模方法主要是时间序列分析方法，利用观测到的历史数据直接建立预测用的统计模型而不考虑岩体中发生的力学过程，这种方法难以解决参数 p 和模型的合理识别问题。如何从这些数据中提取出内在的规律性的东西，便成为工程技术人员面临的艰巨任务，其本质就是数据挖掘问题。基于这点认识，许多科技人员将人工智能领域中的遗传算法和人工神经网络算法引入现代岩土工程领域并取得了丰硕的成果。但是这些方法本身存在着难以克服的缺陷，在学习样本数量有限时，精度难以保证，学习样本数量很多时，又陷入"维数灾难"，泛化性能不高。如何找到一种在有限样本情况下，精度既高同时泛化性能也强的机器学习算法便显得很迫切。作为一种以结构风险最小化原理为基础的新算法，支持向量机算法具有其他以经验风险最小化原理为基础的算法难以比拟的优越性。同时由于它是一个凸二次优化算法，因此能够保证得到的极值解是全局最优解。本节基于这种算法，对边坡和隧道位移监测数据进行机器学习和回归，并在此基础上进行预测。

1. 算法实现与工程实例计算

为了验证支持向量机算法的可行性及其在岩土工程领域非线性时间序列问题中运用的优越性，本书采用了两个算例，分别阐述如下。

算例 1　边坡位移非线性时间序列的支持向量机智能建模与预测研究[7]

选用卧龙寺新滑坡变形预测的算例数据作为本书工程实例的原始数据。为了与 ANN 算法形成对比，选用第 25～59 时步的 35 个滑坡位移监测值作为学习样本，第 60～66 时步的 7 个滑坡位移监测值作为检验样本，构建 SVM 模型，对学习样本进行学习，在此基础上对 35 个学习样本进行拟合，对 7 个检验样本进行预测。运用支持向量机算法，采用 Matlab 语言编程，对学习样本的拟合和对外推样本的预测都采用 Bspline（B 样条）和 RBF（径向基函数）两种核函数，但参数选择不一样，损失函数采用 ε–insensitive 损失函数。计算结果见表 4-1 和表 4-2。表 4-1 和表 4-2 中的参数 d 表示 B 样条的次数，ε 表示取 ε–insensitive 损失函数时的 ε 值，也就是拟合误差。

表4-1　ANN与SVM对学习样本拟合的对照表

时步	实际量测值/mm	ANN对学习样本的拟合值/mm	SVM对学习样本的拟合值/mm Bspline核函数 $d=1$ $\varepsilon=0$ $C=\infty$	RBF核函数 $\sigma=1$ $\varepsilon=0$ $C=\infty$	Bspline核函数 $d=2$ $\varepsilon=0$ $C=\infty$	ANN对学习样本的拟合绝对误差/%	SVM对学习样本的拟合绝对误差% Bspline核函数 $d=1$ $\varepsilon=0$ $C=\infty$	RBF核函数 $\sigma=1$ $\varepsilon=0$ $C=\infty$	Bspline核函数 $d=2$ $\varepsilon=0$ $C=\infty$	ANN对学习样本的拟合相对误差/%	SVM对学习样本的拟合相对误差% Bspline核函数 $d=1$ $\varepsilon=0$ $C=\infty$	RBF核函数 $\sigma=1$ $\varepsilon=0$ $C=\infty$	Bspline核函数 $d=2$ $\varepsilon=0$ $C=\infty$
25	7	6.84	6.90	6.90	7	-0.16	-0.1	-0.1	0	2.29	1.43	1.43	0
26	7.3	7.24	7.54	7.54	7.31	-0.06	0.24	0.24	0.01	0.82	3.29	3.29	0.14
27	7.8	7.63	7.83	7.83	7.82	-0.17	0.03	0.03	0.02	2.18	0.39	0.39	0.26
28	8.2	8.06	8.02	8.02	8.19	-0.14	-0.18	-0.18	-0.01	1.71	2.2	2.2	0.12
29	8.4	8.47	8.30	8.30	8.39	0.07	-0.1	-0.1	-0.01	0.83	1.19	1.19	0.12
30	8.7	8.83	8.70	8.64	8.7	0.13	0	-0.06	0	1.49	0	0.69	0
31	9	9.19	9.00	9.02	9	0.19	0	0.02	0	2.11	0	0.22	0
32	9.2	9.55	9.20	9.38	9.2	0.35	0	0.18	0	3.8	0	1.96	0
33	9.4	9.87	9.42	9.68	9.42	0.47	0.02	0.28	0.02	5.0	0.21	2.98	0.21
34	10	10.16	9.98	9.88	9.98	0.16	-0.02	-0.12	-0.02	1.6	0.2	1.2	0.2
35	10.1	10.54	10.10	10.03	10.1	0.44	0	-0.07	0	4.36	0	0.69	0
36	10.3	10.82	10.30	10.15	10.3	0.52	0	-0.15	0	5.05	0	1.46	0
37	10.4	11.09	10.40	10.29	10.4	0.69	0	-0.11	0	6.64	0	1.06	0
38	10.5	11.31	10.51	10.51	10.51	0.81	0.01	0.01	0.01	7.71	0.1	0.1	0.1
39	10.8	11.51	10.81	10.87	10.81	0.71	0.01	0.07	0.01	6.57	0.09	0.65	0.09
40	11.1	11.74	11.08	11.31	11.08	0.64	-0.02	0.21	-0.02	5.77	0.18	1.89	0.18
41	12	11.99	11.98	11.95	12	-0.01	-0.02	-0.05	0	0.08	0.17	0.42	0

续表

时步	实际量测值/mm	ANN 对学习样本的拟合值/mm	SVM 对学习样本的拟合值/mm			ANN 对学习样本的拟合绝对误差/%	SVM 对学习样本的拟合绝对误差/%			ANN 对学习样本的拟合相对误差 %	SVM 对学习样本的拟合相对误差/%		
			Bspline核函数 $d=1$ $\varepsilon=0$ $C=\infty$	RBF核函数 $\sigma=1$ $\varepsilon=0$ $C=\infty$	Bspline核函数 $d=2$ $\varepsilon=0$ $C=\infty$		Bspline核函数 $d=1$ $\varepsilon=0$ $C=\infty$	RBF核函数 $\sigma=1$ $\varepsilon=0$ $C=\infty$	Bspline核函数 $d=2$ $\varepsilon=0$ $C=\infty$		Bspline核函数 $d=1$ $\varepsilon=0$ $C=\infty$	RBF核函数 $\sigma=1$ $\varepsilon=0$ $C=\infty$	Bspline核函数 $d=2$ $\varepsilon=0$ $C=\infty$
42	13	12.44	13.00	12.70	13	-0.56	0	-0.3	0	4.31	0	2.31	0
43	13.4	13.04	13.41	13.53	13.41	-0.36	0.01	0.13	0.01	2.69	0.08	0.97	0.08
44	14	13.59	14.03	14.37	14.03	-0.41	0.03	0.37	0.03	2.93	0.21	2.64	0.21
45	15	14.10	14.94	15.08	14.93	-0.9	-0.06	0.08	-0.07	6.0	0.4	0.53	0.47
46	16.1	14.78	16.08	15.80	16.08	-1.32	-0.02	-0.3	-0.02	8.2	0.12	1.86	0.12
47	16.4	15.60	16.40	16.42	16.39	-0.8	0	0.02	-0.01	4.88	0	0.12	0.06
48	17.2	16.29	17.20	16.98	17.21	-0.91	0	-0.22	0.01	5.29	0	1.28	0.06
49	17.6	17.14	17.61	17.53	17.61	-0.46	0.01	-0.07	0.01	2.61	0.06	0.4	0.06
50	18.2	17.98	18.24	18.14	18.24	-0.22	0.04	-0.06	0.04	1.20	0.22	0.33	0.22
51	19	18.88	18.97	18.80	18.97	-0.12	-0.03	-0.2	-0.03	0.63	0.16	1.05	0.16
52	19.2	19.81	19.20	19.72	19.2	0.61	0	0.52	0	3.18	0	2.71	0
53	20	20.57	19.99	20.87	19.98	0.57	-0.01	0.87	-0.02	2.85	0.05	4.35	0.1
54	23	21.52	23.03	22.22	23.03	-1.48	0.03	-0.78	0.03	6.44	0.13	3.39	0.13
55	24.0	23.40	24.03	23.67	24.02	-0.6	0.03	-0.33	0.02	2.5	0.13	1.38	0.08
56	25.2	25.00	25.26	25.11	25.26	-0.2	0.06	-0.09	0.06	0.79	0.24	0.36	0.24
57	26.0	26.55	25.97	26.24	25.97	0.55	-0.03	0.24	-0.03	2.12	0.12	0.92	0.12
58	27.0	27.98	26.98	27.26	26.98	0.98	-0.02	0.26	-0.02	3.63	0.07	0.96	0.07
59	28.2	29.44	28.20	28.01	28.2	1.24	0	-0.19	0	4.4	0	0.67	0

表 4-2　ANN 与 SVM 对检验样本预测的对照表

时步	实际量测值/mm	ANN 外推预测值/mm	SVM 外推预测值/mm			ANN 外推预测绝对误差/%	SVM 外推预测绝对误差/%			ANN 外推预测相对误差/%	SVM 外推预测相对误差/%		
			Bspline核函数 $d=1$ $\varepsilon=0$ $C=\infty$	RBF核函数 $\sigma=1$ $\varepsilon=0$ $C=\infty$	Bspline核函数 $d=2$ $\varepsilon=0$ $C=\infty$		Bspline核函数 $d=1$ $\varepsilon=0$ $C=\infty$	RBF核函数 $\sigma=1$ $\varepsilon=0$ $C=\infty$	Bspline核函数 $d=2$ $\varepsilon=0$ $C=\infty$		Bspline核函数 $d=1$ $\varepsilon=0$ $C=\infty$	RBF核函数 $\sigma=1$ $\varepsilon=0$ $C=\infty$	Bspline核函数 $d=2$ $\varepsilon=0$ $C=\infty$
60	30.0	30.98	29.83	28.68	29.67	0.98	-0.17	-1.32	-0.33	3.27	0.57	4.4	1.1
61	31.0	33.16	32.28	29.58	31.56	2.16	1.28	-1.42	0.56	6.97	4.13	4.58	1.81
62	32.0	35.62	35.94	31.03	34.01	3.62	3.94	-0.97	2.01	11.31	12.31	3.03	6.28
63	33.0	38.36	41.19	33.33	37.14	5.36	8.19	0.33	4.14	16.24	24.82	1	12.55
64	42.0	41.17	48.41	36.80	41.10	-0.83	6.41	-5.2	-0.9	1.98	15.26	12.38	2.14
65	47.0	43.78	57.99	41.74	46.01	-3.22	10.99	-5.26	-0.99	6.85	23.38	11.19	2.11
66	61.0	46.25	70.35	48.47	52.02	-14.75	9.35	-12.53	-8.98	24.18	15.33	20.54	14.72

由表 4-1 可见，对 35 个学习样本的拟合值，除第 26、28、29、41、53 时步外，ANN 的拟合误差一般为 SVM 拟合误差的 2～20 倍，最高达 80 倍。SVM 的拟合相对误差一般为 1%左右，最高不到 5%。采用 Bspline 核函数比采用 RBF 核函数的拟合精度更高。在 7 个检验样本的三种 SVM 外推预测结果中，以采用 Bspline 核函数，且 $d=2$ 时精度最高，其相对误差一般为 5%以下，最大不超过 15%，而 ANN 预测相对误差一般为 6%以上，最大达 24%。从计算结果还可以看出，采用不同的核函数其拟合和预测精度也不一样，即使是同样的核函数，由于参数取值的不同其计算精度也大不相同。

算例 2　隧道变形的支持向量机预测模型[8]

选用某隧道的收敛监测实例进行验证。该实例提供了 38 个实测样本，采用灰色 Verhulst 系统建模，本书选用其中的前 35 个实测值作为学习样本，利用 SVM 算法对前 35 个样本进行学习拟合，以找出拟合精度很好的 SVW 模型，然后选出一定数量的实测值作为测试样本，通过对测试样本进行预测来检验此模型的可靠性。隧道收敛回归结果对照表如表 4-3 所示。

表 4-3　隧道收敛回归结果对照表
（采用 RBF 核函数，$\sigma=1$，$C=\infty$，$\varepsilon=0$）

量测时间/d	实测值/mm	灰色 Verhulst 计算值/mm	灰色 Verhulst 相对误差/%	SVM 计算值/mm	SVM 相对误差/%	量测时间/d	实测值/mm	灰色 Verhulst 计算值/mm	灰色 Verhulst 相对误差/%	SVM 计算值/mm	SVM 相对误差/%
1	1.33	1.33	0.00	1.32	0.752	13	21.76	14.15	34.96	21.43	1.517
2	3.10	1.68	45.78	3.05	1.613	14	22.55	16.00	29.05	22.71	0.710
3	4.72	2.12	55.15	4.76	0.847	15	24.08	17.82	26.00	23.98	0.415
4	6.50	2.66	59.14	6.41	1.385	16	24.84	19.56	21.26	24.93	0.362
5	7.88	3.32	57.92	7.91	0.381	17	25.45	21.17	16.81	25.58	0.511
6	9.25	4.12	55.51	9.52	2.919	18	26.12	22.63	13.35	26.15	0.115
7	11.00	5.07	53.90	11.01	0.091	19	26.77	23.92	10.63	26.64	0.486
8	12.76	6.20	51.44	12.53	1.803	20	27.42	25.04	8.69	27.18	0.875
9	14.52	7.49	48.38	14.25	1.860	21	27.45	25.99	5.34	27.82	1.348
10	15.77	8.96	43.16	15.93	1.015	22	28.32	26.78	5.45	28.42	0.353
11	17.60	10.59	39.85	17.80	1.136	23	29.22	27.43	6.12	28.80	1.437
12	19.48	12.33	36.71	19.67	0.975	24	28.62	27.96	2.29	28.90	0.978

续表

量测时间/d	实测值/mm	灰色Verhulst计算值/mm	灰色Verhulst相对误差/%	SVM计算值/mm	SVM相对误差/%	量测时间/d	实测值/mm	灰色Verhulst计算值/mm	灰色Verhulst相对误差/%	SVM计算值/mm	SVM相对误差/%
25	28.82	28.40	1.47	28.76	0.208	32	30.72	29.74	3.17	30.08	2.083
26	29.02	28.74	0.96	29.18	0.551	33	29.83	29.81	0.06	30.22	1.307
27	29.55	29.02	1.80	29.32	0.778	34	30.08	29.87	0.71	30.31	0.765
28	29.38	29.24	0.48	29.46	0.272	35	30.41	29.91	1.66	30.26	0.493
29	29.21	29.41	0.70	29.60	1.335	36	30.74	29.94	2.61		
30	29.72	29.55	0.56	29.74	0.067	37	30.96	29.96	3.22		
31	30.03	29.66	1.23	29.90	0.433	38	30.38	29.98	1.30		

在找到相对误差很小的 SVM 模型的基础上对隧道的未来收敛做出预测，以前 30 天的实测值作为学习样本，对后 8 天的收敛值做出预测以检验得到的 SVM 模型的可靠性。在此，采用多步滚动预测法，即以前 30 天的实测值来预测第 31 天的收敛值，再将第 31 天的实测值加入学习样本来预测第 32 天的收敛值，以此类推直到第 38 天，即每次只预测下一天的收敛值，结果如表 4-4 所示。

表 4-4 隧道收敛预测值及误差（以前 30 天的实测值来预测）

量测时间/d	实测值/mm	SVM 预测			
		RBF 核函数 $\sigma=1$，$C=\infty$，$\varepsilon=0$	相对误差/%	Bspline 核函数 $d=1$，$C=\infty$，$\varepsilon=0$	相对误差/%
31	30.03	30.09	0.2	30.01	0.07
32	30.72	30.44	0.91	29.85	2.83
33	29.83	31.37	5.16	31.02	3.99
34	30.08	29.67	1.36	29.7	1.26
35	30.41	28.48	6.35	29.37	3.42
36	30.74	29.96	2.54	30.52	0.72
37	30.96	31.12	0.52	30.78	0.58
38	30.38	31.46	3.55	30.61	0.76

改变预测的方式，仍然采用和上面一样训练得来的 SVM 模型。以前 35

天的实测值作为学习样本，来预测得到第 36 天的收敛值，再将这个预测值加入学习样本预测得到第 37 天的收敛值，以此类推直到得到第 38 天的收敛值，即一次预测其余天数的收敛值，结果如表 4-5 所示。

表 4-5 隧道收敛预测值及误差（以前 35 天的实测值来预测）

量测时间/d	实测值/mm	SVM 预测			
		RBF 核函数 $\sigma=1$，$C=\infty$，$\varepsilon=0$	相对误差/%	Bspline 核函数 $d=1$，$C=\infty$，$\varepsilon=0$	相对误差/%
36	30.74	29.96	2.54	30.52	0.72
37	30.96	29.21	5.65	30.42	1.74
38	30.38	27.75	8.66	29.78	1.97

从表 4-3 可知，SVM 对学习样本的拟合精度极高，最大相对误差小于 2%，比采用的灰色 Verhulst 模型（最大相对误差接近 60%）的回归精度高得多。从表 4-4 和表 4-5 可知，SVM 对学习样本之外的样本的预测精度也很高，比如当采用 Bspline 核函数时，对第一种逐天外推预测的最大相对误差为 3.99%，对第二种一次外推预测的最大相对误差也仅为 1.97%。尽管当采用 RBF 核函数时，相应预测值的最大相对误差分别达到 6.35% 和 8.66%，但总体来看，预测误差均较小，可以满足隧道工程的要求。

通过以上实例验证可以看出，把支持向量机算法应用于隧道变形分析是完全可行的，而且具有较高的精度。值得注意的是核函数的选取对于回归和预测的精度都有直接影响，比如当采用径向基函数时，预测的收敛变化趋势不够合理，因此，究竟哪一种核函数最适合于隧道变形预测，还必须进行更加深入的探讨，不断积累经验。

2. 结论

（1）引入人工智能领域中的支持向量机算法能够较好地解决非线性时间序列的问题。

（2）就预测精度和泛化性能而言，基于结构风险最小化原理的支持向量机比基于经验风险最小化原理的人工神经网络有着更大的优越性。同灰色 Verhulst 模型相比，在计算精度上也有很大提高。

（3）核函数的选择对支持向量机的学习和预测性能有重要的影响。不同的核函数、不同的参数取值直接关系到结果的精度。

4.4.2 边坡角设计的支持向量机建模与精度影响因素的研究[9]

随着岩石工程的规模越来越大，岩石边坡的稳定性越来越引起工程界的注意。边坡设计的关键问题就是边坡角的设计。影响岩石边坡角设计的因素众多，关系复杂，其中有些因素还具有相当程度的不确定性，很难用一个固定的关系方程来对边坡角进行计算，必须另外寻找别的途径解决。有的文献把人工神经网络引入边坡角设计之中，但人工神经网络由于自身理论上的缺陷存在着难以克服的问题。在样本少时，精度难以保证；样本很多时，又不可避免地陷入"维数灾难"，泛化性能差。另外人工神经网络往往容易陷入局部最优解而得不到全局最优解。鉴于这些认识，本书采用支持向量机算法来解决边坡角的设计问题。

1. 边坡角设计的影响因素及支持向量机建模

许多工程实践表明，在一定的开挖条件下，岩石边坡角与边坡高度、安全系数、内聚力、内摩擦角、单轴抗压强度、可能的破坏类型、地下水、结构面倾角、结构面与边坡面的位置关系，以及岩体结构类型有关。有文献从国内外相关工程与其他文献中收集到 26 个边坡工程实例，以其中的 21 个作为学习样本集，5 个作为检验支持向量机模型预测能力的测试样本集。建模时，就是要以 21 个学习样本的 10 个影响因素作为机器学习的 X 来拟合 21 个学习样本的边坡角(Y)，在找出两者之间关系式的基础上，对 5 个测试样本的边坡角做出预测，并与实际边坡角进行对比分析。

支持向量机建模的控制途径有三种。

（1）核函数类型及其参数选择。

（2）损失函数类型及其参数选择。

（3）C 值的选择。

在利用相关文献所提供的样本集时，为了支持向量机网络建模的需要，对其中的一些定性的影响因素取表 4-6 所示的输入计算值，地下水条件按原文献进行简化处理，如 $5H$ 记为 5，$4H$ 记为 4 等。得到如表 4-7 和表 4-8 所示的学习和测试样本集。

表 4-6 影响因素的输入计算值

影响因素	类型	输入值
岩体结构类型	薄层镶嵌结构	1
	层状结构	2
	块状镶嵌结构	3
	似层状结构	4
	块状结构	5
	层状-块状结构	6
可能的破坏类型	圆弧破坏	1
	平面-圆弧破坏	2
	双滑块折线破坏	3
	折线形破坏	4
结构面与边坡面的位置关系	平行	0
	斜交（含45°斜交）	0.5
	垂直	1

表 4-7 学习样本集

编号	单轴抗压强度/MPa	结构面倾角/(°)	结构面与边坡面的位置关系	地下水条件	岩体结构类型	可能的破坏类型	内聚力	内摩擦角/(°)	边坡高度/m	安全系数	边坡角/(°)
1	106.3	50	0	5	1	1	5	37.5	496	1.2	39.5
2	78	70	1	4	2	1	8.2	39	496	1.15	37.5
3	38.2	70	0.5	5	3	2	3.8	37.5	494	1.25	37
4	154.9	50	0.5	3	4	3	5.7	36	480	1.15	42
5	154.8	47	0.5	3	5	3	5	38	292	1.15	45
6	67.7	62	0.5	3	5	3	4.5	36	365	1.15	46
7	67.7	62	0.5	3	4	1	6.4	35	382	1.15	46
8	67.7	62	0.5	3	6	6	39	39	645	1.15	37
9	72	65	0.5	4	6	4	7.2	38	130	1.2	50
10	64.2	65	0.5	7	2	1	6.8	35	108	1.2	55

续表

编号	单轴抗压强度/MPa	结构面倾角/(°)	结构面与边坡面的位置关系	地下水条件	岩体结构类型	可能的破坏类型	内聚力	内摩擦角/(°)	边坡高度/m	安全系数	边坡角/(°)
11	46.2	45	0.5	7	2	1	6.8	35	200	1.2	55
12	64.8	45	0.5	5	6	4	9	39	375	1.25	49
13	64.8	45	0.5	5	6	4	7	37	231	1.25	52.5
14	59	80	0.5	2	6	4	4.8	37	218	1.2	39.5
15	82.1	60	0.5	5	5	3	4.1	38	138	1.2	48
16	82.1	50	0.5	5	5	3	4.2	37	115	1.2	57.5
17	82.1	45	1	5	5	3	2.9	34	123	1.2	52.5
18	82.1	45	1	5	5	3	4	36	110	1.2	57.5
19	147.4	67	0.5	5	3	2	9.9	36	198	1.2	48
20	147.4	45	0.5	5	3	2	8.5	36	142	1.2	52.5
21	124.8	60	0.5	5	3	2	9	35.5	182	1.2	52.5

表 4-8 测试样本集

编号	单轴抗压强度/MPa	结构面倾角/(°)	结构面与边坡面的位置关系	地下水条件	岩体结构类型	可能的破坏类型	内聚力	内摩擦角/(°)	边坡高度/m	安全系数	边坡角/(°)
1	67.7	65	0	3	2	4	6	34	462	1.15	43
2	72	65	0.5	7	3	1	7	37	154	1.2	50
3	64.2	65	0.5	7	3	1	6.4	35	138	1.2	52
4	82.1	50	0.5	5	2	1	4.1	36	100	1.2	57
5	147.4	45	0.5	5	2	1	9	37	137	1.2	54

2. 算法实现与计算结果分析

采用 Matlab 语言编程，考虑 ε -insensitive 和 Quadratic 两种损失函数，以表 4-7 所示的 21 个学习样本输入机器，经机器学习找出最佳的支持向量机网络，利用此网络对表 4-8 的 5 个测试样本做出预测。

ε -insensitive 损失函数为：

$$L(y) = \begin{cases} 0, & |f(x) - y| < \varepsilon \\ |f(x) - y| - \varepsilon, & \text{其他} \end{cases} \quad (4-61)$$

Quadratic 损失函数为：

$$L(y) = (f(x) - y)^2 \quad (4-62)$$

本书的二次规划问题采用内点算法，优化问题的矩阵表示为：

$$g(x) = \min_x \frac{1}{2} x^T H x + c^T x$$

这里：$H = \begin{bmatrix} XX^T & -XX^T \\ -XX^T & XX^T \end{bmatrix}, c = \begin{bmatrix} \varepsilon + Y \\ \varepsilon - Y \end{bmatrix}, x = \begin{bmatrix} \alpha \\ \alpha^* \end{bmatrix}$。

为了衡量支持向量机网络拟合与预测的精度高低，在此定义如下函数作为评定指标：

$$s = \sum_{i=1}^n (Y_i' - Y_i)^2 / (n - 1) \quad (4-63)$$

定义一个量化指标——平均相对误差如下：

$$e = \frac{1}{n} \sum_{i=1}^n |Y_i' - Y_i| \times 100 / Y_i \quad (4-64)$$

式中：Y_i' 表示拟合时第 i 个学习样本的拟合值或预测时第 i 个测试样本的预测值；Y_i 表示拟合时第 i 个学习样本的样本值或预测时第 i 个测试样本的样本值。

经过对多种核函数计算结果的对比分析，采用 RBF 核函数和 Linear（线性）核函数时精度较高。采用 ε-insensitive 损失函数和 RBF 核函数的 SVM 模型学习样本的 β_i 值如表 4-9 所示，计算结果如表 4-10 和表 4-11 所示。从表 4-10 可知，损失函数相同，核函数不同时，无论是从 s 值还是 e 值来看，Linear 核函数的结果都接近于 RBF 核函数的 3 倍。核函数相同但损失函数不同，s 值和 e 值都非常接近，这说明核函数比损失函数对拟合精度的影响更大。从表 4-11 的预测结果来看，损失函数相同时，RBF 核函数的结果明显比 Linear 核函数好，尤其是采取 ε-insensitive 损失函数时相差 2 倍左右。损失函数不同而核函数相同时预测精度相差不大，这也说明核函数比损失函数对预测精度的影响更大。表 4-10 和表 4-11 拟合最大相对误差都在 8.5%

以内，绝大多数都在 4%以内，拟合最大平均相对误差仅为 3.88%，最小为 1.3%；预测最大相对误差不超过 8.1%，最大平均相对误差仅为 3.03%，最小为 1.96%，完全可以满足工程要求。

表4−9 SVM 模型学习样本的 β_i 值

（ $C=150$， $\varepsilon=0.5$， $\sigma=80$ ）

序号	β_i	序号	β_i	序号	β_i	序号	β_i	序号	β_i	序号	β_i
1	−12.062	5	23.603	9	−137.84	13	−55.582	17	−150	21	124.76
2	−29.653	6	0	10	150	14	−27.667	18	66.728		
3	42.665	7	−29.292	11	145.11	15	−150	19	−43.628		
4	45.611	8	33.822	12	59.989	16	150	20	24.236		

表4−10 学习样本拟合计算结果表

编号	样本值/(°)	Quadratic 损失函数				ε−insensitive 损失函数			
		Linear 核函数		RBF 核函数		Linear 核函数		RBF 核函数	
		$C=0.05$	相对误差/%	$C=150$ $\sigma=105$	相对误差/%	$C=5$ $\varepsilon=3$	相对误差/%	$C=150$ $\varepsilon=0.5$ $\sigma=80$	相对误差/%
1	39.5	41.39	4.78	39.68	0.45	41.5	5.06	40	1.26
2	37.5	38.01	1.37	37.69	0.51	37.49	0.03	38	1.33
3	37	38.07	2.9	36.8	0.55	37.81	2.18	36.5	1.35
4	42	41.16	2.0	41.74	0.61	41.2	1.90	41.5	1.19
5	45	46.12	2.48	45.01	0.03	46.91	4.24	44.5	1.11
6	46	43.72	4.96	46.08	0.17	43.05	6.41	45.89	0.25
7	46	44.91	2.37	46.05	0.11	43.03	6.45	46.5	1.09
8	37	35.09	5.15	36.88	0.34	34.00	8.11	36.5	1.35
9	50	50.2	0.4	50.08	0.16	49.94	0.12	50.5	1
10	55	52.88	3.85	54.45	0.99	52.00	5.45	54.17	1.50
11	55	56.12	2.03	53.85	2.09	55.11	0.20	54.5	0.91
12	49	49.47	0.97	48.74	0.53	48.27	1.49	48.5	1.02
13	52.5	53.50	1.91	53.06	1.07	52.67	0.32	53	0.95
14	39.5	42.86	8.49	39.74	0.59	42.50	7.59	40	1.27

续表

编号	样本值/(°)	Quadratic 损失函数				$\varepsilon-$ insensitive 损失函数			
		Linear 核函数		RBF 核函数		Linear 核函数		RBF 核函数	
		$C=0.05$	相对误差/%	$C=150$ $\sigma=105$	相对误差/%	$C=5$ $\varepsilon=3$	相对误差/%	$C=150$ $\varepsilon=0.5$ $\sigma=80$	相对误差/%
15	48	49.53	3.19	50.27	4.74	50.90	6.04	51.61	7.52
16	57.5	53.37	7.18	55.25	3.91	54.50	5.22	55.93	2.73
17	52.5	55.31	5.34	54.87	4.51	55.50	5.71	56.20	7.04
18	57.5	55.25	3.91	56.66	1.47	56.05	2.51	57	0.87
19	48	47.71	0.61	48.53	1.11	46.63	2.86	48.5	1.04
20	52.5	54.32	3.47	52.6	0.18	54.53	3.87	52	0.95
21	52.5	50.51	3.78	50.82	3.20	49.50	5.71	52	0.95
s		3.75		1.1		4.88		1.7	
e			3.39		1.3		3.88		1.75

表 4-11 测试样本预测计算结果表

编号	样本值/(°)	Quadratic 损失函数				$\varepsilon-$ insensitive 损失函数			
		Linear 核函数		RBF 核函数		Linear 核函数		RBF 核函数	
		$C=0.05$	相对误差/%	$C=150$ $\sigma=105$	相对误差/%	$C=5$ $\varepsilon=3$	相对误差/%	$C=150$ $\varepsilon=0.5$ $\sigma=80$	相对误差/%
1	43	41.11	4.39	41.07	4.49	39.52	8.09	42.08	2.14
2	50	50.64	1.27	48.88	2.23	50.26	0.52	49.77	0.46
3	52	52.04	0.08	50.06	3.73	50.86	2.18	50.8	2.32
4	57	53.94	5.36	57.86	1.51	55.52	2.59	57.52	0.91
5	54	54.18	0.34	52.90	2.02	54.97	1.79	51.86	3.96
s		3.34		2.68		4.15		1.79	
e			2.29		2.8		3.03		1.96

3. 结论

支持向量机从理论上讲能以任意精度逼近函数真实值。本小节把支持向量机应用于边坡角设计问题，经过研究发现，对于此类问题，采用 RBF 核函

数和 ε –insensitive 损失函数的支持向量机网络是较好的支持向量机网络，其设计结果具有相当理想的精度，完全可以满足工程要求。

到目前为止，对核函数及其参数 C，以及损失函数的选择尚没有确定的方法和结论，更多的要依靠使用者的经验和直觉，采取不断试算的途径寻求较好的解，不但费时，而且往往难以找到全局最优解，将其他优化算法与支持向量机算法结合起来进行支持向量机网络参数的优化是进一步研究的方向。

4.5　改进的支持向量回归算法及其在岩土工程领域的应用

4.5.1　改进的支持向量回归算法[2]

经典的支持向量回归算法只考虑一个输出参数，对多参数输出问题目前国内外尚没有这方面的研究。与人工神经网络不同的是支持向量机算法不具有并行处理的能力，所以难以像人工神经网络一样一次性地处理多个输出参数。人脑在考虑此类问题时，首先通过输入参数考虑得出第一个输出参数，然后将得到的这个参数连同输入参数一并考虑得到第二个输出参数，以此类推直到得到所有的输出参数。支持向量机作为人工智能的一种方法，对多参数输出问题也可以采用同样的思路来解决。

下面给出这种改进的支持向量回归算法的实现步骤。

1. 拟合算法

（1）学习样本的输入参数 X 作为网络的训练输入，第一个输出参数的样本值 y_1 作为网络的训练输出，经机器学习得出第一个输出参数的拟合值 y_1^*。

（2）以 X，y_1 作为网络的训练输入，第二个输出参数的样本值 y_2 作为网络的训练输出，经机器学习得出第二个输出参数的拟合值 y_2^*。

（3）以 X，y_1，y_2 作为网络的训练输入，第三个输出参数的样本值 y_3 作为网络的训练输出，经机器学习得出第三个输出参数的拟合值 y_3^*。

（4）按照同样的道理重复上述步骤直到得到最后一个输出参数的拟

合值。

2. 预测算法

（1）使用由拟合算法训练得来的网络，以检验样本的 X 作为网络预测的输入参数，经网络的外推预测得到第一个输出参数的预测值 y'_1。

（2）以 X，y'_1 作为网络预测的输入参数，经网络的外推预测得到第二个输出参数的预测值 y'_2。

（3）以 X，y'_1，y'_2 作为网络预测的输入参数，经网络的外推预测得到第三个输出参数的预测值 y'_3。

（4）按照同样的道理重复上述步骤直到得到最后一个输出参数的预测值。

改进的支持向量机回归算法流程图如图 4-4 所示（假定输出参数个数为 N）。

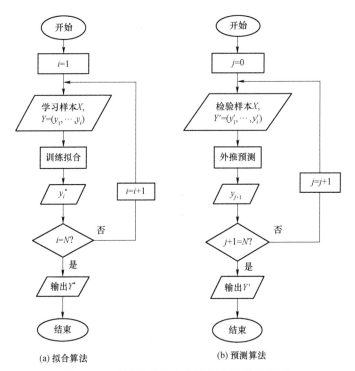

(a) 拟合算法　　　　　　　(b) 预测算法

图 4-4　改进的支持向量机回归算法流程图

4.5.2 改进的支持向量回归算法在隧道喷锚支护设计中的应用[2]

新奥法在现代隧道施工中已经得到了普遍推广，其中的喷锚支护方法由于具有及时、能与围岩共同作用、对施工干扰小的优点而成为新奥法的基本施工方法。但是由于岩体性质、地质结构特征，以及支护与围岩共同作用的规律等过于复杂，理论计算的力学模型和参数难以选定测准，喷锚支护设计方法仍处于单纯依赖工程经验对比、查表选取支护参数的定性设计阶段，这很难满足不同具体工程的需要。

隧道工程不仅受赋存环境－地质体的影响，包括节理、地质结构不连续性、岩体力学性态等，还受施工过程的影响，如开挖方式、支护形式、施工运营水平，以及围岩－支护共同作用等。这些因素与支护参数之间存在着某种非线性不确定关系，很难用确定的方程来表达。考虑到人工智能在处理这种不确定关系方面的优越性，一些学者将人工智能领域中的专家系统（ES）、案例设计（CBD）和人工神经网络（ANN）应用于隧道喷锚支护设计，取得了比较理想的结果。但这些方法也存在着各自的不足。专家系统中知识的获取是一个困难的过程；案例设计的类比推理实现起来有很大困难；人工神经网络作为一种大样本机器学习方法，存在局部优化、推广性能差的缺点。近年来兴起的一种小样本通用机器学习算法——支持向量机具有全局寻优、推广性能好的优点，同时由于隧道施工环境恶劣，样本采集非常困难，支持向量机正好可以弥补样本量小的不足，但因为喷锚支护设计是多维输出的问题，经典的支持向量回归算法不能解决这种多维输出的问题，故本书就将这种改进的支持向量回归算法应用于隧道喷锚支护设计，以验证这种改进算法的可行性和效果。

1. 隧道喷锚支护设计的输入参数和输出参数

相关文献研究表明，隧道喷锚支护设计主要受以下 11 种稳定性因素的影响。

（1）开挖跨度。

（2）埋深。

（3）原岩强度。

（4）岩体结构。

（5）节理密度。

（6）不连续面的紧密程度。

（7）不连续面的贯通性。

（8）不连续面的填充情况。

（9）不连续面的粗糙度。

（10）岩体质量指标 RQD。

（11）地下水状况。

这 11 个因素就是隧道喷锚支护设计的输入参数。

隧道喷锚支护设计参数如下。

（1）喷射混凝土厚度（cm）。

（2）锚杆直径（mm）。

（3）锚杆长度（m）。

（4）锚杆间距（m）。

（5）钢筋网直径（mm）。

（6）钢筋网间距（mm）。

这 6 个设计参数即为隧道喷锚支护设计的输出参数。

2. 算法实现与计算结果分析

1）算法实现及网络优化

文献[10]收集了 95 个隧道工程喷锚支护设计的实例，文献[11]去掉了其中明显不合理的一个样本，采用前 64 个样本作为学习样本，后 30 个样本作为检验网络外推能力的检验样本，学习样本和检验样本的影响因素输入值见文献[10]的表 3-3 和表 3-4。在样本训练中，输入参数即取上述的 11 个影响因素，输出参数即为上述锚喷支护设计的 6 个参数。

采用 Matlab 语言编程，为了和人工神经网络计算作对比，采用与文献[10]完全一样的学习样本集和检验样本集（0 样本值点表示该样本点没有对应的支护项目），从上面介绍的算法实现步骤和流程图来看，第一个输出参数的拟合和预测效果直接关系到后面其他参数的拟合和预测效果，故只对第一个参数的拟合进行优化，在找到第一个参数拟合效果最好的网络后，即用此网络作为所有输出参数最好的训练网络。本书采用单变量轮换法来搜索第一个输出参数最好的训练网络，具体实现步骤如下。

（1）初步确定采用的核函数及损失函数的类型，根据以往研究文献和使用者的经验，决定采用 RBF 核函数及 $\varepsilon-$insensitive 损失函数。

（2）初步确定参数 σ，C，ε 的取值区间分别为 0.5～30，0.5～50，0.01～2。

（3）取 C 和 ε 的初值为 0.5 和 0.01，取 σ 的初值为 0.5，循环步长为 0.5，终值为 30，以式（4-64）所定义的平均相对误差 e 为目标函数，搜索 e 最小时的 σ，经计算发现在此区间内，对所有的 σ 其 e 值都相等，本书取其中值 $\sigma=15$。

（4）将 σ 的初值替换为 15，ε 的初值不变，令 C 的循环步长为 0.5，终值为 50，经搜索知当 $C=49$ 时 e 值最小。

（5）将 C 的初值替换为 49，令 ε 的循环步长为 0.05，终值为 5，经搜索知当 $\varepsilon=0.06$ 时 e 值最小。

至此最优的训练网络已经得到，网络参数为 $C=49$，$\varepsilon=0.06$，$\sigma=15$。利用此网络对检验样本进行预测，最终得到表 4-12（表 4-12 中有关 ANN 预测值的数据来自文献[11]）。

表 4-12　隧道喷锚支护设计参数对照表

项目组号	喷射混凝土厚度/cm			锚杆直径/mm			锚杆长度/m			锚杆间距/m			钢筋网直径/mm			钢筋网间距/mm		
	实际值	SVM设计值	ANN设计值	实际值	SVM设计值	ANN设计值	实际值	SVM设计值	ANN设计值	实际值	SVM设计值	ANN设计值	实际值	SVM设计值	ANN设计值	实际值	SVM设计值	ANN设计值
1	8	11.37	11.05	16	18.91	19.29	2.2	2.18	2.36	1	0.95	1	0	3.65	1.08	0	10.17	0.4
2	12	12.22	12.12	18	18.65	18.64	2	2.08	2.15	0.8	0.92	0.95	8	5.0	2.62	25	14.33	1.49
3	8	12.83	13.78	16	20.05	18.78	2.2	2.37	2.35	1	0.96	0.89	0	2.86	0.94	0	8.0	4.61
4	11	13.05	14.77	18	19.44	19.45	2.4	2.28	2.31	1	0.93	0.91	0	3.47	5.89	0	10.11	14.26
5	10	12.27	14.16	18	19.09	20.39	2.4	2.36	2.57	1	0.98	1.04	6	4.94	7.97	20	14.12	24.37
6	13	13.36	13.86	20	20.73	20.16	2.6	2.59	2.57	1	0.92	0.96	0	2.47	0.32	0	6.56	1.1
7	16	13.45	15.23	22	19.79	20.7	2.5	2.31	2.46	1.8	0.91	0.91	0	2.99	1.64	0	8.45	0.84
8	15	13.66	13.86	22	20.69	19.9	2.6	2.66	2.6	1	0.97	0.92	6	3.68	0.86	20	10.26	4.2
9	18	16.94	16.68	22	22.32	21.15	2.6	2.44	2.59	1	0.94	0.84	8	9.39	8	20	22.31	24.96
10	15	15.35	14.56	22	21.32	19.8	2.6	2.62	2.54	1	0.94	0.87	8	5.83	2.03	20	15.99	5.5
11	16	15.02	16.09	22	20.49	21.32	2.6	2.54	2.65	1	0.87	0.96	8	6.66	7.92	20	17.94	21.95

项目组号	喷射混凝土厚度/cm			锚杆直径/mm			锚杆长度/m			锚杆间距/m			钢筋网直径/mm			钢筋网间距/mm		
	实际值	SVM设计值	ANN设计值	实际值	SVM设计值	ANN设计值	实际值	SVM设计值	ANN设计值	实际值	SVM设计值	ANN设计值	实际值	SVM设计值	ANN设计值	实际值	SVM设计值	ANN设计值
12	6	5.87	6.32	16	14.21	10.3	2	1.88	1.46	1	0.99	0.79	0	0.77	0	0	2.33	0
13	8	8.58	7.5	16	17.13	14.15	2.2	2.11	1.6	1	1.06	0.85	0	0	0	0	0	0
14	9	8.66	7.83	18	16.92	15.51	2	2.08	1.7	1	1.03	0.83	0	0	0	0	0	0
15	11	11.82	12.37	18	19.32	19.88	2.4	2.26	2.37	1	0.95	0.99	0	2.09	0.09	0	5.79	0.06
16	10	10.09	9.54	18	17.87	19.49	2.4	2.37	2.54	1	0.99	1.18	0	1.69	0.05	0	4.88	0.2
17	13	11.89	12.64	20	19.56	19.88	2.6	2.52	2.57	1	0.98	1	0	2.3	0.03	0	6.49	0.31
18	13	14.18	15.37	18	20.62	20.74	2.4	2.47	2.57	1	0.89	0.87	6	5.89	6.79	20	15.8	11.64
19	12	11.93	13.58	18	18.15	17.96	2	2.02	2.25	0.8	0.91	0.91	8	5.48	7.99	25	15.94	24.68
20	7	6.77	6.22	0	15.17	13.55	0	2.00	1.72	0	1.07	0.94	0	0	0	0	0	0
21	16	12.0	12.05	22	19.1	20.12	2.5	2.36	2.51	0.8	0.92	1.04	0	1.54	0.04	0	4.3	0.04
22	15	15.01	15.8	22	21.15	21.39	2.6	2.72	2.74	1	1.0	1.05	6	8.19	7.97	20	21.51	24.71
23	15	12.88	14.23	22	21.06	21.46	2.6	2.45	2.71	1	0.96	1.18	8	2.35	1.88	20	6.00	2.65
24	5	6.19	5.92	14	14.87	16.14	1.8	1.96	2.12	1	1.04	1.06	0	0	0	0	0	0
25	6	6.09	6.91	16	14.85	17.65	2	1.84	2.19	1	1.05	1.15	0	0.41	0	0	1.32	0
26	8	9.05	6.68	16	17.23	15.85	2.2	2.09	2.22	1	1.01	1.04	0	2.23	0	0	6.47	0
27	10	8.81	8.1	18	16.79	18.96	2.4	2.36	2.48	1	1.05	1.08	0	0	0	0	0	0
28	13	12.63	12.98	20	19.69	21.28	2.6	2.57	2.7	1	0.99	1.23	0	4.72	4.81	0	13.39	7.05
29	18	14.03	15.36	22	20.92	20.9	2.6	2.39	2.55	1	0.91	0.92	8	5.94	7.19	20	15.88	11.03
30	13	12.59	12.76	18	19.35	20.57	2.4	2.34	2.63	1	1.0	1.14	6	5.48	7.91	20	15.84	22.7
s		3.3	4.08		10.04	9.99		0.15	0.14		0.07	0.07		5.44	6.79		44.39	60.59
e		11.60	14.17		7.08	9.07		4.05	6.68		7.13	12.66		27.5	35.5		28.23	42.82

隧道喷锚支护设计参数相对误差统计表见表 4—13。ANN 和 SVM 对样本值为 0 的检验样本预测的绝对误差统计表见表 4—14。

表 4-13 隧道喷锚支护设计参数相对误差统计表

序号	喷射混凝土厚度设计相对误差/%		锚杆直径设计相对误差/%		锚杆长度设计相对误差/%		锚杆间距设计相对误差/%		钢筋网直径设计相对误差/%		钢筋网间距设计相对误差/%	
	SVM	ANN	SVM	ANN	SVM	ANN	SVM	ANN	SVM	ANN	SVM	ANN
1	42.12	38.13	18.19	20.56	0.91	7.27	5	0				
2	1.83	1	3.61	3.56	4	7.5	15	18.75	37.5	67.25	42.68	94.04
3	60.38	72.25	25.3	17.38	7.73	6.82	4	11				
4	18.64	34.27	8	8.06	5	3.75	7	9				
5	22.7	41.6	6.06	13.28	1.67	7.08	2	4	17.67	32.83	29.4	21.85
6	2.77	6.62	3.65	0.8	0.38	1.15	8	4				
7	15.94	4.81	10.05	5.91	7.6	1.6	49.44	49.44				
8	8.93	7.6	5.95	9.55	2.31	0	3	8	38.67	85.67	48.7	79
9	5.89	7.33	1.45	3.86	6.15	0.38	6	16	17.38	0	11.55	24.8
10	2.33	2.93	3.09	10	0.77	2.31	6	13	27.13	74.63	20.05	72.5
11	6.13	0.56	6.86	3.09	2.31	1.92	13	4	16.75	1	10.3	9.75
12	2.17	5.33	11.19	35.63	6	27	1	21				
13	7.25	6.25	7.06	11.56	4.09	27.27	6	15				
14	3.78	13	6	13.83	4	15	3	17				
15	7.45	12.45	7.33	10.44	5.83	1.25	5	1				
16	0.9	4.6	0.72	8.28	1.25	5.83	1	18				
17	8.54	2.77	2.2	0.6	3.08	1.15	2	0				
18	9.08	18.23	14.56	15.22	2.92	7.08	11	13	1.83	13.17	21	41.8
19	0.58	13.17	0.83	0.22	1	12.5	13.75	13.75	31.5	0.13	36.24	1.28
20	3.29	11.14										
21	25	24.69	13.18	8.55	5.6	0.4	15	30				
22	0.07	5.33	3.86	2.78	4.62	5.38	0	5	36.5	32.83	7.55	23.55
23	14.13	5.13	4.27	2.45	5.77	4.23	4	18	70.63	76.5	70	86.75
24	23.8	18.4	6.21	15.29	8.89	17.78	4	6				
25	1.5	15.17	7.19	10.31	8	9.5	5	15				
26	13.13	16.5	7.69	0.94	5	0.91	1	4				
27	11.9	19	6.72	5.33	1.67	3.33	5	8				
28	2.85	0.15	1.55	6.4	1.15	3.85	1	23				
29	22.06	14.67	4.91	5	8.08	1.92	9	8	25.75	10.13	20.6	44.85
30	3.15	1.85	7.5	14.28	2.5	9.58	0	14	8.67	31.83	20.8	13.5

表 4-14 ANN 和 SVM 对样本值为 0 的检验样本预测的绝对误差统计表

项目	锚杆长度				锚杆间距				钢筋网直径				钢筋网间距			
样本数量/个	1				1				18				18			
绝对误差	数量/个		比例/%		数量/个		比例/%		数量/个		比例/%		数量/个		比例/%	
	ANN	SVM	ANN	SVM	ANN	SVM	ANN	SVM	ANN	SVM	ANN	SVM	ANN	SVM	ANN	SVM
≤1	0	0	0	0	1	0	100	0	14	7	78	39	14	5	78	28
≤2	1	1	100	100	1	1	100	100	16	9	89	50	15	6	83	33
≤3	1	1	100	100	1	1	100	100	16	15	89	83	15	7	83	39
≤4	1	1	100	100	1	1	100	100	16	17	89	94	15	7	83	39
≤5	1	1	100	100	1	1	100	100	17	18	94	100	16	9	89	50
≤6	1	1	100	100	1	1	100	100	18	18	100	100	16	10	89	56
≤7	1	1	100	100	1	1	100	100	18	18	100	100	16	13	89	72
≤8	1	1	100	100	1	1	100	100	18	18	100	100	17	14	94	78
≤9	1	1	100	100	1	1	100	100	18	18	100	100	17	15	94	83
≤10	1	1	100	100	1	1	100	100	18	18	100	100	17	15	94	83

2）计算结果分析

由表 4-13 可知，SVM 对样本值非 0 的检验样本的预测，前 4 个支护参数设计相对误差绝大多数都在 10%以内，其中锚杆长度设计相对误差全部都在 10%以内，喷射混凝土厚度设计相对误差最大不超过 70%，93%的设计相对误差在 30%以内，93%的样本点锚杆直径设计相对误差在 20%以内，97%的样本点锚杆间距设计相对误差在 20%以内。这 4 项的设计结果明显好于 ANN。SVM 中钢筋网直径设计相对误差 58%的样本点在 30%以内，92%的样本点在 40%以内，也优于 ANN 的设计结果。SVM 中钢筋网间距设计相对误差 67%的样本点在 30%以内，92%的样本点在 50%以内，与 ANN 的设计结果差不多。由表 4-14 可知，SVM 对样本值为 0 的检验样本的预测，锚杆长度和锚杆间距设计绝对误差和 ANN 基本一样，SVM 中钢筋网直径设计绝对误差 50%的样本点在 2 以内，83%的样本点在 3 以内。SVM 中钢筋网间距设计绝对误差 50%的样本点在 5 以内，83%的样本点在 9 以内。由表 4-12 可知，该项参数的样本值只有 20 和 25 两个取值，而且设计结果偏保守，所以这样的设计在工程上可以接受，但其效果不如 ANN。由表 4-12 可知，所有支护设计参数的 s 值 SVM 基本上都小于 ANN。从平均相对误差 e（样本值为 0 的样本不计相对误差）来看，SVM 设计结果的相对误差较 ANN 的相对误差提高了 2～15 个百分点。文献[11]采用"试错法"找到预测精度最好时的隐含层单元个数，最终确定了一个 11-10-6 的 3 层 BP 神经网络，并确定全局允许误差为 0.002 5 时，网络的预测效果最好，并以此对检验样本做出了如表 4-12 所示的预测结果（ANN 设计值）。从以上的分析来看，采用本书提出的改进的 SVM 回归算法，不但可以解决此类多参数拟合的问题，而且就设计效果来看比 ANN 还有所提高。图 4.5～图 4.10 给出了两种方法中每个喷锚支护参数的预测值（设计值）对比情况。

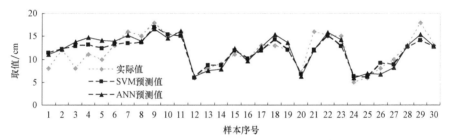

图 4-5　两种方法中喷射混凝土厚度的预测值对比

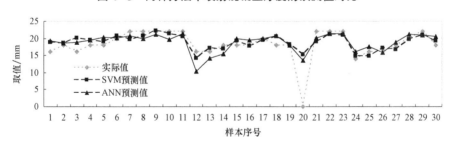

图 4-6　两种方法中锚杆直径的预测值对比

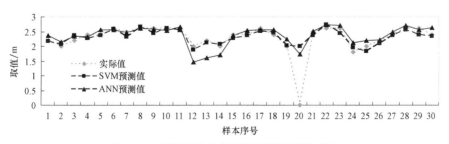

图 4-7　两种方法中锚杆长度的预测值对比

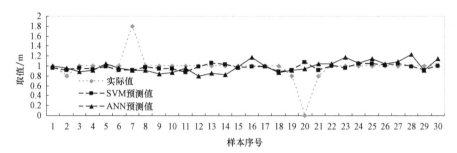

图 4-8　两种方法中锚杆间距的预测值对比

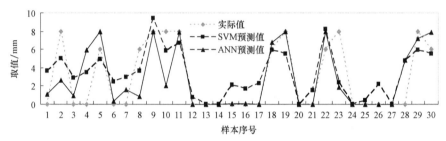

图 4-9　两种方法中钢筋网直径的预测值对比

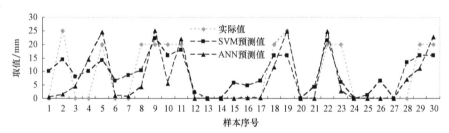

图 4-10　两种方法中钢筋网间距的预测值对比

3. 结论

（1）本节的支持向量机网络参数是采用变量轮换法对 σ，C，ε 分项单独优化再组合在一起得到的，表 4-15 给出了采用 ε-insensitive 损失函数和 RBF 核函数，$C=49$，$\varepsilon=0.06$，$\sigma=15$ 的 SVM 对学习样本的拟合结果，可见其拟合效果非常好。

表 4-15　SVM 对学习样本的拟合结果

项目	e	s
喷射混凝土厚度	11.601 8	2.793 9
锚杆直径	4.022 4	15.447 2

项目	e	s
锚杆长度	2.457 4	0.004 0
锚杆间距	5.390 3	0.003 0
钢筋网直径	18.007 4	3.466 6
钢筋网间距	4.896 4	0.903 7

（2）SVM 具有全局优化和泛化能力强的优点，本节提出的多输出参数回归算法仍然保留了这个优点，即以样本训练效果最好的网络作为外推预测的网络，预测效果也非常好，这可以为用户提供较 ANN 更大的方便。

（3）本节提出的这种 SVM 多输出参数回归算法并没有严格的数学理论基础，但作为 SVM 算法在岩土工程领域推广应用的一种改进，具有逻辑思路直观、编程实现简单的优点，从本书将其运用于隧道喷锚支护设计的结果来看具有比 ANN 更好的预测效果，完全可以运用于类似工程的设计。

（4）本书提出的寻找最优 SVM 网络参数的方法具有方便简单的优点，从理论上说，单变量轮换法在解决组合优化问题时，难以考虑因素之间的交互作用，更好的方法有待于进一步研究。

4.6　基于免疫-多维输出支持向量回归耦合算法的隧道工程位移反分析新方法[4]

隧道围岩位移的空间分布及随时间的演化能够表征围岩的变形规律，在隧道工程建设中，隧道位移的监控量测具有十分重要的意义，可以利用隧道位移值的绝对大小及其变化速度对隧道围岩稳定程度进行判断，而通过数值模拟的方法，能够对隧道的变形过程进行模拟复现，提供给设计、施工方参考。数值模型中参数的取值决定了数值模拟的精度，由于岩土体自身的物理力学性质复杂，受力变形过程具有高度非线性，所以准确识别岩土体的物理力学参数显得十分重要。相较于通过经验或工程类比的方法来确定参数，位移反分析方法提供了一种科学的、可控的参数取值方法，在岩土工程中得到了广泛应用。为解决反分析的计算效率问题，引入了智能机器学习算法来对岩体复杂非线性系统进行建模，以代替数值计算，来对反分析问题进行建模求解。人工神经网络和单输出支持向量机作为位移预测方法，被广泛地采用，取得了良好的效果。

位移反分析中的数值直接解法的精度取决于正向位移预测模型的精度和优化算法的问题寻优能力。关于机器学习模型，之前的大多数研究采用的支持向量回归模型均为一维输出，只能满足单变量的预测，对于隧道变形而言，一般在同一断面监测得到的位移变量包括水平收敛和拱顶下沉，如果采用一维输出支持向量回归算法（SVR），就需要建立两个单输出的模型，在反分析过程中将水平收敛和拱顶下沉分开考虑，但这两个变量实际上都是同一非线性系统的观测值，两者之间可能存在相互关系，而一维输出 SVR 模型无法考虑这种相互之间的非独立关系。本书引入一种针对多维输出系统（multiple output system）进行改进的多维输出支持向量回归算法（MSVR），能够在同一个模型中考虑多个输出，建立统一的优化目标，进行模型的训练。引入该方法来考虑水平收敛和拱顶下沉的相互关系，建立统一的反演目标。关于优化算法，近年来，许多优秀的集群智能优化算法被用来对反分析中的优化问题进行求解，而人工免疫算法是模仿人体免疫机制而提出的一种新的智能方法，并在近几十年来被广泛地应用于非线性优化、组合优化、控制工程、机器人、故障诊断、图像处理等诸多领域，并取得了一些成就[12]，本书采用免疫克隆选择算法（immune clone select algorithm，ICSA），对 MSVR 模型控制参数进行优化，使其对样本的误差最小，形成基于免疫-多维输出支持向量回归耦合算法（ICSA-MSVR 耦合算法），将其应用于隧道位移反分析中，结合铜黄高速公路三口隧道工程进行位移反分析，验证该方法在岩土工程反分析领域中的应用效果。

4.6.1 多维输出支持向量回归算法模型的建立

传统的 SVR 的输出变量为一维变量，该特点使其应用场景受到限制。在一些复杂的系统里，需要建立多输入—多输出的映射系统，而一维 SVR 并不能完成此类任务，因此，文献[13]在一维 SVR 的基础上进行扩展，使其适用于多维输出系统，以解决实际工程中更为复杂的问题。

将一维 $\varepsilon-$insensitive 损失函数扩展到多维，定义如下形式的损失函数：

$$L(\boldsymbol{u}) = \begin{cases} 0, & \boldsymbol{u} < \varepsilon \\ (\boldsymbol{u} - \varepsilon)^2, & \boldsymbol{u} \geqslant \varepsilon \end{cases} \qquad (4-65)$$

式中： $\boldsymbol{u}_i = \|\boldsymbol{e}_i\| = \sqrt{\boldsymbol{e}_i^{\mathrm{T}} \boldsymbol{e}_i}$ ， $\boldsymbol{e}_i^{\mathrm{T}} = \boldsymbol{y}_i^{\mathrm{T}} - \boldsymbol{\Phi}^{\mathrm{T}}(\boldsymbol{x}_i)\boldsymbol{W} - \boldsymbol{b}^{\mathrm{T}}$ ， $\boldsymbol{W} = [\boldsymbol{w}^1, \cdots, \boldsymbol{w}^Q]$ ， $\boldsymbol{b} = [\boldsymbol{b}^1, \cdots, \boldsymbol{b}^Q]^{\mathrm{T}}$ ，其中 $\boldsymbol{\Phi}()$ 是非线性映射核函数。 $\boldsymbol{x}_i$ 是样本输入行向量， $\boldsymbol{y}_i$ 是样本输出行向量。

基于式（4-65）所示损失函数，构造如下优化目标函数：

$$L_P(\boldsymbol{W}, \boldsymbol{b}) = \frac{1}{2} \sum_{j=1}^{Q} \|\boldsymbol{w}^j\|^2 + C \sum_{i=1}^{n} L(\boldsymbol{u}_i) \qquad (4-66)$$

式（4-66）中第一项为模型复杂度度量的正则项，用来控制对训练样本的过拟合，将原 SVR 模型中的参数和 b 扩展为矩阵，对应维度为输出变量的维度，优化问题的求解变得更为复杂。

为解决 MSVR 模型的数学优化问题，文献[11]中提出了采用迭代加权最小二乘法（iterative reweighted least squares）来求解，现将优化求解算法叙述如下。

在式（4-66）的优化目标函数中，将损失函数用一阶泰勒展开来近似替代，即可得到：

$$L'(\boldsymbol{W}, \boldsymbol{b}) = \frac{1}{2} \sum_{j=1}^{Q} \|\boldsymbol{w}^j\|^2 + C \left(\sum_{i=1}^{n} L(\boldsymbol{u}_i^k) + \left. \frac{\mathrm{d}L(\boldsymbol{u})}{\mathrm{d}\boldsymbol{u}} \right|_{\boldsymbol{u}_i^k} \frac{(\boldsymbol{e}_i^k)}{\boldsymbol{u}_i^k} (\boldsymbol{e}_i - \boldsymbol{e}_i^k) \right)$$

$$(4-67)$$

其中， $a_i = \left. \frac{C}{\boldsymbol{u}_i^k} \frac{\mathrm{d}L(\boldsymbol{u})}{\mathrm{d}\boldsymbol{u}} \right| = \begin{cases} 0, & \boldsymbol{u}_i^k < \varepsilon \\ \dfrac{2C(\boldsymbol{u}_i^k - \varepsilon)}{\boldsymbol{u}_i^k}, & \boldsymbol{u}_i^k \geqslant \varepsilon \end{cases}$ 。

接下来，构造式（4-66）的二次近似替代，文献[11]中采用的近似公式如下：

$$\begin{aligned} L''(\boldsymbol{W}, \boldsymbol{b}) &= \frac{1}{2} \sum_{j=1}^{Q} \|\boldsymbol{w}^j\|^2 + C \left(\sum_{i=1}^{n} L(\boldsymbol{u}_i^k) + \left. \frac{\mathrm{d}L(\boldsymbol{u})}{\mathrm{d}\boldsymbol{u}} \right|_{\boldsymbol{u}_i^k} \frac{\boldsymbol{u}_i^2 - (\boldsymbol{u}_i^k)^2}{2\boldsymbol{u}_i^k} \right) \\ &= \frac{1}{2} \sum_{j=1}^{Q} \|\boldsymbol{w}^j\|^2 + \frac{1}{2} \sum_{i=1}^{n} a_i \boldsymbol{u}_i^2 + CT \end{aligned} \qquad (4-68)$$

式中：

$$a_i = \frac{C}{u_i^k}\frac{\mathrm{d}L(\boldsymbol{u})}{\mathrm{d}\boldsymbol{u}}\bigg| = \begin{cases} 0, & u_i^k < \varepsilon \\ \dfrac{2C(u_i^k - \varepsilon)}{u_i^k}, & u_i^k \geqslant \varepsilon \end{cases} \tag{4-69}$$

CT 是不依赖于 $\boldsymbol{W}$ 和 $\boldsymbol{b}$ 的常数项。

采用该近似公式的原因是该公式中 $\boldsymbol{W}$ 和 $\boldsymbol{b}$ 解耦合，优化求解不需迭代，直接取对 $\boldsymbol{W}$ 和 $\boldsymbol{b}$ 的偏导数等于 0 即可计算出 $\boldsymbol{W}$ 和 $\boldsymbol{b}$ 的近似解。

算法流程如下。

（1）初始化，设置 $k=0$，$\boldsymbol{W}^k = 0$，$\boldsymbol{b}^k = 0$，并计算 u_i^k 和 α_i。

（2）求解近似优化目标函数式（4-68），将计算结果记为 W^s 和 b^s，并定义下降方向 $\boldsymbol{P}^k = \begin{bmatrix} \boldsymbol{W}^s - \boldsymbol{W}^k \\ \boldsymbol{b}^s - \boldsymbol{b}^k \end{bmatrix}$。

（3）得到如式（4-70）所示的迭代计算公式，采用回溯算法来确定每步的步长。

$$\begin{bmatrix} \boldsymbol{W}^{k+1} \\ \boldsymbol{b}^{k+1} \end{bmatrix} = \begin{bmatrix} \boldsymbol{W}^k \\ (\boldsymbol{b}^k)^{\mathrm{T}} \end{bmatrix} + \eta^k \boldsymbol{P}^k \tag{4-70}$$

（4）计算 u_i^{k+1} 和 α_i，设置 $k=k+1$，回到（2），直到满足收敛条件，达到收敛。

下面对（3）中提到的迭代步的步长选择的回溯算法（backtracking algorithm）做简要介绍。

每个迭代步的初始步长设置为 1（初始步长的选取对于算法的收敛非常重要），然后检查 $L_p(\boldsymbol{W}^{k+1}, \boldsymbol{b}^{k+1}) < L_p(\boldsymbol{W}^k, \boldsymbol{b}^k)$ 是否满足，若不满足，则将步长乘以正的缩小系数（小于 1）继续检查条件是否满足，循环此过程直到优化目标值最小为止。

优化目标求解完毕得到使样本集合总体损失最小的 $\boldsymbol{W}$ 和 $\boldsymbol{b}$，MSVR 模型即建立完毕。

4.6.2 基于 ICSA-MSVR 耦合算法的岩体物理力学参数位移反分析

在 MSVR 模型的建立过程中，控制参数（惩罚系数 C，敏感系数 ε，核

函数参数 σ）的取值需要人为指定，为了控制参数取值来达到最小的样本训练误差及最好的 MSVR 模型泛化精度，采用 ICSA 来对参数进行优化求解。

在模型训练阶段，定义训练样本集合的总体误差函数为优化目标，单个样本的误差同样采用 $\varepsilon-$insensitive 损失函数，如式（4−65）所示，将训练样本分为学习样本和测试样本，采用 K 折交叉验证的方法来计算样本整体误差，优化目标函数如式（4−71）所示。

$$(C^*,\varepsilon^*,\sigma^*) = \underset{C,\varepsilon,\sigma}{\text{argmin}}\, L_{\text{all}}(C,\varepsilon,\sigma)$$

$$L_{\text{all}}(C,\varepsilon,\sigma) = \sum_{m=1}^{k}\sum_{i=1}^{k_m} L(\boldsymbol{u}_i) \tag{4−71}$$

式中：$L_{\text{all}}(C,\varepsilon,\sigma)$——整体的训练损失函数；

　　　m——K 折交叉验证的当前循环次数；

　　　k——样本等分的份数；

　　　k_m——训练样本 k 等份后每份的数量；

　　　$L(\boldsymbol{u}_i)$——每个样本的具体误差；

　　　$\boldsymbol{u}_i$——样本的输入向量。

围岩的物理力学参数和监测断面距离掌子面的距离共计 8 个输入变量，上标星号表示求得的最优参数。

待 MSVR 模型训练完毕，通过 ICSA 优化求得最优的 MSVR 模型参数后，即完成反分析过程中的位移预测模型的建立过程。

MSVR 模型建立完成后，可以进行岩体的物理力学参数辨识过程。

给定待反演岩体物理力学参数的取值范围，即围岩的物理力学参数，选取的 7 个参数为重度、变形模量、黏聚力、内摩擦角、水平侧压力系数、泊松比、剪胀角。以如式（4−72）所示的预测位移（拱顶沉降和水平收敛）的误差函数作为优化目标函数，利用 ICSA 对优化问题进行求解。

$$\left.\begin{array}{l}\boldsymbol{x}^* = \underset{x}{\text{argmin}}\,\text{aff}(\boldsymbol{x}) \\[2mm] \text{aff}(\boldsymbol{x}) = [f_u(\boldsymbol{x})-u]^2 + [f_v(\boldsymbol{x})-v]^2\end{array}\right\} \tag{4−72}$$

式中：$\boldsymbol{x}$——待反演参数向量；

　　　$f_u(\boldsymbol{x})$——MSVR 模型预测水平收敛；

　　　$f_v(\boldsymbol{x})$——MSVR 模型预测拱顶下沉；

u ——现场实测水平收敛;

v ——现场实测拱顶下沉;

aff ——亲和度(即优化目标函数,最小化问题)。

优化完成后输出优化结果,完成参数反演,得到岩体力学参数的辨识结果。

将辨识参数输入 MSVR 模型中,对隧道开挖的后续位移进行预测。以验证辨识得到的参数是否符合工程实际。

ICSA-MSVR 耦合算法流程图如图 4-11 所示,在定义误差函数和结果输出部分模型训练过程和参数辨识过程有所不同。

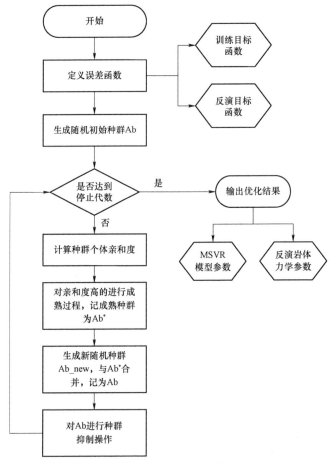

图 4-11 ICSA-MSVR 耦合算法流程图

在 ICSA 的优化过程中，为了扩大参数的搜索范围和搜索效率，将待优化参数进行了指数映射，即在种群中的参数的取值范围是实际的取值范围的自然对数，在实际亲和度计算中，将抗体个体进行指数映射：

$$P' = \exp(P) \tag{4-73}$$

式中：P 为每个个体的取值（对于模型训练过程 P 为 3 个支持向量回归控制参数 C, ε, σ，对于力学参数反演过程 P 为待反演的 7 个岩体物理力学参数）。亲和度计算采用指数映射后的个体取值 P'。

4.6.3 工程实例

铜（陵）黄（山）高速公路铜汤段三口隧道为双向分离式四车道高速公路隧道，左、右线隧道间距约 46 m，左线隧道超前右线隧道施工，超前距离约为 30 m，因而可以忽略右线隧道施工对左线隧道的影响。本书考察其左线出口段。该段为Ⅲ级围岩段，里程桩标号为 ZK252+270～ZK252+511 段，轴向掘进总长度约为 241 m。

三口隧道施工方法为爆破掘进开挖，隧道研究段为全断面一次开挖，以 3 m 为循环进度，每天掘进 6 m。在隧道施工过程中设置监测面，对隧道收敛和沉降变形进行监测，ZK252+510 监测面测点位移监测记录如表 4-16 所示。

表 4-16　ZK252+510 监测面测点位移监测记录

掌子面与监测面距离/m	拱顶下沉/mm	周边位移/mm	掌子面与监测面距离/m	拱顶下沉/mm	周边位移/mm
5	0.55	0.52	32	3.32	2.77
8	0.82	0.84	38	3.73	3.03
11	1.06	1.13	44	4.05	3.35
14	1.25	1.35	50	4.93	3.37
17	1.58	1.62	56	5.1	3.39
20	1.95	1.94	65	5.38	3.42
23	2.21	2.14	74	5.62	3.53
26	2.54	2.43	83	5.71	3.56
29	2.84	2.51	89	5.84	3.58

掌子面与监测 面距离/m	拱顶下沉/mm	周边位移/mm	掌子面与监测 面距离/m	拱顶下沉/mm	周边位移/mm
104	5.93	3.59	134	6.25	3.63
110	5.99	3.61	140	6.28	3.63
116	6.12	3.62	146	6.32	3.63
122	6.15	3.63	149	6.36	3.64
128	6.21	3.63	158	6.39	3.64

1. 训练样本的获取——数值试验

三口隧道横断面如图 4-12 所示，通过 Midas 建立网络模型，然后导入 FLAC3D 中进行计算，三口隧道数值计算模型如图 4-13 所示。采用均质材料的假设，沿隧道轴线方向为 y 轴方向，垂直向上为 z 轴方向，x 轴水平向右为正方向，模型从左至右宽为 60 m，从坐标原点往下长为 50 m，计算模型沿纵向长 80 m，单元共 42 500 个，节点共 43 768 个。

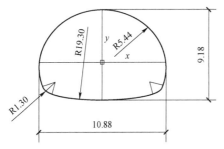

图 4-12　三口隧道横断面（单位：m）　　图 4-13　三口隧道数值计算模型

对模型前后左右及下边界施加法向变形约束，上边界为自由边界。由于没有实测地应力资料，垂直地应力等于上覆岩层自重。两个水平方向的应力相等，等于竖向地应力乘以水平侧压力系数。

隧道初期支护采用喷锚支护，喷射混凝土采用 C25 混凝土，厚度 10 cm，锚杆布置长度为 2.5 m，环向间距 1.5 m，锚杆采用全长粘接水泥砂浆锚杆，钢材为 HRB335，直径为 25 mm，锚杆钢材和 C25 喷射混凝土的本构均为弹性本构，参数如表 4-17 所示。

表 4-17 隧道初期支护材料力学参数

	密度/（g/cm³）	弹性模量/GPa	泊松比	布置位置
HRB335 钢材（锚杆）	7.70	210	0.27	系统
C25 喷射混凝土	2.20	23	0.20	全断面

MSVR 模型训练样本集见表 4-18，检验 MSVR 训练效果的检验样本集见表 4-19。

表 4-18 MSVR 模型训练样本集

序号	重度/（kN/m³）	掌子面与监测面距离/m	变形模量/GPa	黏聚力/kPa	内摩擦角/（°）	水平侧压力系数	泊松比	剪胀角/（°）	拱顶下沉/mm	水平收敛/mm
1	24.80	5	24.2	1.55	56.3	1.32	0.215	9.3	0.22	0.36
2	23.09	5	23.5	1.91	46.9	1.06	0.243	14.8	0.23	0.24
3	23.49	5	21.9	1.13	57.0	1.17	0.242	3.6	0.27	0.31
4	22.93	5	6.5	1.72	51.6	0.93	0.146	9.2	0.88	0.71
5	23.45	8	14.5	2.03	48.2	1.57	0.172	6.7	0.41	0.76
6	24.06	8	10.0	0.90	59.2	1.52	0.245	11.2	0.59	1.10
7	23.30	8	9.2	1.24	49.7	1.25	0.278	13.6	0.75	0.94
8	23.76	8	21.0	0.96	39.8	1.37	0.203	12.3	0.26	0.40
9	24.73	11	5.8	1.32	53.6	1.38	0.294	6.0	1.22	1.79
10	23.69	11	11.5	1.65	55.3	0.64	0.268	15.8	0.76	0.30
11	24.49	11	19.6	1.73	44.5	1.51	0.297	11.3	0.34	0.61
12	24.02	11	25.0	1.28	45.3	0.71	0.160	7.0	0.36	0.10
13	23.13	14	23.5	1.88	47.0	1.06	0.198	15.0	0.35	0.31
14	23.50	14	22.0	1.13	56.9	1.18	0.239	3.6	0.35	0.34
15	22.96	14	6.4	1.67	51.3	0.92	0.139	9.2	1.16	0.77
16	24.32	14	10.6	1.62	41.9	1.20	0.155	3.0	0.68	0.79
17	24.43	17	12.2	0.98	47.4	0.60	0.307	8.5	0.82	0.23
18	24.48	17	19.8	1.73	44.6	1.48	0.258	11.5	0.38	0.59
19	24.86	17	15.1	1.22	41.5	0.74	0.237	14.5	0.63	0.24
20	23.51	17	14.3	1.99	48.4	1.55	0.209	6.6	0.43	0.84
21	24.31	20	22.8	0.67	52.3	0.87	0.253	14.2	0.40	0.24

续表

序号	重度/（kN/m³）	掌子面与监测面距离/m	变形模量/GPa	黏聚力/kPa	内摩擦角/（°）	水平侧压力系数	泊松比	剪胀角/（°）	拱顶下沉/mm	水平收敛/mm
22	23.96	20	17.6	1.46	52.9	1.44	0.120	15.5	0.37	0.60
23	22.99	20	6.5	1.73	51.7	0.96	0.147	8.8	1.19	0.75
24	23.64	20	21.1	0.95	39.8	1.34	0.155	12.4	0.33	0.44
25	24.90	23	15.0	1.21	41.2	0.75	0.216	14.5	0.69	0.30
26	23.14	23	13.8	0.76	43.1	1.44	0.247	8.0	0.52	0.78
27	24.22	23	22.6	0.69	52.2	0.90	0.276	14.1	0.38	0.27
28	23.59	23	5.0	1.38	43.8	0.51	0.225	11.9	1.93	0.23
29	24.12	26	9.9	0.92	59.4	1.55	0.220	11.0	0.70	1.19
30	24.15	26	7.8	2.06	38.9	1.00	0.278	10.0	1.10	0.79

表 4-19 检验 MSVR 训练效果的检验样本集

序号	重度/（kN/m³）	掌子面与监测面距离/m	变形模量/GPa	黏聚力/kPa	内摩擦角/（°）	水平侧压力系数	泊松比	剪胀角/（°）	拱顶下沉/mm	水平收敛/mm
1	24.84	26	16.6	0.83	49.0	1.00	0.143	5.4	0.53	0.37
2	23.86	26	16.0	1.81	60.0	1.07	0.304	7.7	0.58	0.48
3	24.82	29	16.5	0.82	49.0	1.04	0.163	5.3	0.55	0.39
4	24.05	29	10.2	0.92	59.2	1.57	0.237	11.2	0.74	1.22
5	22.96	29	6.5	1.73	51.4	0.92	0.166	9.0	1.26	0.77

隧道采用全断面开挖，数值模拟中循环进尺为 3 m，初期支护紧跟掌子面。变形监测面设置在距离隧道出口处 1 m 的位置。

参考《公路隧道设计规范 第二册 交通工程与附属设施》（JTG D70/2—2014），围岩物理力学参数取值范围如表 4-20 所示。

表 4-20 围岩物理力学参数取值范围

参数	重度/（kN/m³）	变形模量/GPa	泊松比	内摩擦角/（°）	黏聚力/MPa
范围	23～25	5～25	0.14～0.3	39～60	0.7～2.05

我国地应力实测资料表明水平侧压力系数范围为 0.55～2.0。剪胀角对计算结果的影响不大，剪胀角取值范围为 3°～16.5°。采用 7 因素 28 水平的均匀试验划分，因素选择为重度、变形模量、黏聚力、内摩擦角、水平侧压力系数、泊松比、剪胀角 7 个因素，应用均匀试验法设计 28 个数值试验方案，采用 FLAC3D 软件进行三口隧道左线施工的三维数值模拟，考虑不同的掌子面与 ZK252+510 监测面的距离，从数值实验的结果中随机抽取 35 次数值计算结果，组成供 MSVR 算法进行网络训练的 30 个训练样本和 5 个检验样本，训练样本采用 K 折交叉验证法用于 MSVR 模型的学习及建立。表 4-19 所示的检验样本完全不参与 MSVR 模型的训练过程，只用来检验训练得到的 MSVR 模型的泛化性能。MSVR 采用 RBF 核函数，并对样本进行归一化处理，将数据线性映射到[0, 1]。将拱顶下沉和水平收敛作为 MSVR 模型的输出变量建立 MSVR 模型，对模型参数 (C, ε, σ) 进行优化。三个参数的搜索区间依次为（0，10 000）、（0，100）和（0，10 000），经过 ICSA 优化后，MSVR 模型最优参数如表 4-21 所示。

表 4-21　优化后 MSVR 模型最优参数

C	ε	σ
19.4	0.004 59	2.10

为检验模型泛化性能，对表 4-19 所示检验样本用训练好的 MSVR 模型进行位移预测，结果如表 4-22 所示。

表 4-22　检验样本的 MSVR 模型预测结果

拱顶下沉/mm			水平收敛/mm		
真实值	预测值	相对误差	真实值	预测值	相对误差
0.53	0.44	9.0%	0.37	0.35	2.0%
0.58	0.6	2.0%	0.48	0.52	4.0%
0.55	0.49	6.0%	0.39	0.40	1.0%
0.74	0.70	4.0%	1.22	1.31	9.0%
1.26	1.21	5.0%	0.77	0.76	1.0%

通过表 4-22 可以看出，MSVR 模型对于拱顶下沉和水平收敛的预测精

度较好，表明映射围岩物理力学参数与位移之间非线性关系的 MSVR 模型已经建立，可以用于岩体物理力学参数的辨识。

2. 岩体参数的反演及后续位移预测

利用训练完成的 MSVR 模型，对岩体物理力学参数进行反演，7 个待反演参数的取值范围如表 4-23 所示。将拱顶下沉和水平收敛统一反演，两者权重相等，反演目标函数见式（4-72），取监测面距离掌子面 5 m 处时的位移值作为反演基础信息。反演得到的参数如表 4-24 所示。

利用反演得到的岩体力学参数，输入 MSVR 模型对后续位移（$d=8$ m，11 m，14 m）进行预测，预测结果见表 4-25。

表 4-23 待反演参数的取值范围

参数	重度/（kN/m³）	变形模量/GPa	黏聚力/MPa	内摩擦角/（°）	水平侧压力系数	泊松比	剪胀角/（°）
范围	12~28	1.6~28	0.05~2.1	21~60	0.55~2	0.15~0.45	3~16.5

表 4-24 反演得到的参数

重度/（kN/m³）	变形模量/GPa	黏聚力/MPa	内摩擦角/（°）	水平侧压力系数	泊松比	剪胀角/（°）
27.32	18.24	0.48	30.42	1.28	0.29	15.43

表 4-25 反演参数预测后续位移结果

掌子面与监测面距离/m	拱顶下沉/mm			水平收敛/mm		
	监测值	预测值	相对误差	监测值	预测值	相对误差
8	0.82	0.86	6.17%	0.84	0.79	8.14%
11	1.06	1.15	10.58%	1.13	1.25	12.61%
14	1.25	1.44	13.39%	1.35	1.56	14.71%

由表 4-25 可以看出，利用 ICSA-MSVR 算法对隧道进行位移反分析，其后续位移预测中，拱顶下沉和水平收敛的预测具有较好的精度，误差最大在 15%左右，说明基于 ICSA-MSVR 耦合算法的位移反分析方法具有较高的精度。

为进一步说明本书所述 ICSA-MSVR 耦合算法对位移反分析问题的求解效果，与文献[14]中方法进行对比，文献[14]中采用遗传-广义回归神经元算法

（GRNN）。

采用 GRNN 对坞石隧道进行位移反分析，基于坞石隧道的实测位移值，对隧道围岩的物理力学参数进行辨识。文献[14]采用数值试验、机器学习与人工智能相结合的智能岩土工程反分析方法，与本书方法具有可比性。

根据文献[14]中表 6 所述的隧道实际监测位移，可以确定式（4-72）表示的反演目标函数，按照本节所示工程实例的相同步骤，对坞石隧道的围岩参数进行辨识，本书方法和文献[14]方法反分析得到的围岩力学参数反演对比如表 4-26 所示。

将反演得到的岩土参数输入 MSVR 模型中，进行后续开挖部位隧道变形的预测，预测结果对比如表 4-27 所示。由表 4-27 可知，本书 ICSA-MSVR 耦合算法对隧道变形的预测精度高于单一的 BP 方法，与 GRNN 对比，精度略有提高。本书方法对拱顶下沉和水平收敛的统一反演效果较好，也体现出多维输出支持向量回归算法与免疫克隆选择算法相结合的良好的位移反分析应用前景。

表 4-26 参数反演对比

	重度/（kN/m³）	黏聚力/MPa	内摩擦角/(°)	变形模量/GPa	水平侧压力系数	泊松比	剪胀角/(°)
文献[14]方法	23.60	0.40	37.85	10.29	1.12	0.25	9.27
本书方法	27.32	0.48	30.42	18.24	1.28	0.29	15.43

表 4-27 预测结果对比

算法	掌子面与监测面距离/m	实测拱顶下沉/mm	预测拱顶下沉/mm	预测相对误差/%	实测水平收敛/mm	预测水平收敛/mm	预测相对误差/%
本书方法	8	0.82	0.86	6.2	0.84	0.79	8.1
GRNN	8	0.81	0.7	13.6	0.86	0.8	6.9
BP	8	0.81	0.64	20.5	0.86	0.66	22.8

本书所述算法，均编制 C++程序，并借助 Intel OpenMP 并行算法库实现了算法的并行，提高了计算效率。算法花费时间如表 4-28 所示。（酷睿 i7，6 核，主频 2.2 GHz，内存 8 G）

表4-28 算法花费时间

模型	MSVR模型训练	反演
拱顶下沉	37.25 s	5.23 s
水平收敛	26.87 s	

3. 结论

（1）本书提出了改进的免疫克隆选择算法，加入了种群抑制过程来改善收敛于局部极值及算法的早熟问题，经过算例检验，该算法对多维优化问题具有良好的求解能力，且收敛速度较快。

（2）引入多维输出支持向量回归算法，用来解决输出变量之间的依赖性及计算效率的问题，增强了位移反分析方法的工程应用价值。

（3）将本书方法应用于铜黄高速公路三口隧道的位移反分析中，结果显示本书方法的参数辨识效果较好，辨识的参数较为准确，对后续位移的预测精度较好，具有一定的工程应用价值。并将本书所述 ICSA-MSVR 耦合算法与遗传—广义回归神经元网路算法进行了参数辨识的对比，验证了本书方法的优势。

4.7 基于遗传–支持向量分类耦合算法的隧道工程围岩分级方法[15-17]

隧道工程围岩分级的理论和方法较多，应用比较广泛的有 Barton 的 Q 法、Bieniawski 的 RMR 法和国标 BQ 分级法。这些方法大多要求有详细的勘察资料来获取分类指标，但是，新奥法施工要求隧道开挖后应及时施做初期支护，最大限度地保护围岩，这就要求隧道开挖后能迅速、准确地判定掌子面的围岩级别。当前我国隧道设计阶段所依据的地质资料是初期地质勘测的成果，由于勘察精度较低，易造成如下不良后果。

（1）将围岩级别划低，造成施工材料的巨大浪费，抬高工程造价。

（2）将围岩级别划高，按设计施工可能造成塌方等安全事故，威胁施工人员的人身安全。

因此，在隧道施工过程中，应建立符合隧道施工现场实际、操作简单、便于应用的隧道围岩快速分级方法。

Q 法的分级指标无论是室内试验还是现场测试都是非常难获取的，现场勘察经验给出的取值准确性受主观因素影响很大。同时，该分级方法完全不考虑岩石的坚硬程度也是有失偏颇的。

RMR 法没有考虑地应力对围岩稳定性的影响，这是其一大败笔。同时，该法在处理造成挤压、膨胀和涌水的软弱岩体时并不适用。

国标 BQ 分级法中基本分级指标岩石单轴饱和抗压强度在现场难以快速获取，且只考虑岩体的完整性，没有考虑节理本身的延展规模和抗剪切滑动能力。修正系数会因人而异产生较大偏差从而造成误判，而且两阶段分级法操作烦琐。

近年来，一些新的不确定性分析理论和软计算方法已经被广泛地应用于工程岩体的质量评价，如灰色系统方法、模糊综合评判法、模糊信息分类法、模糊层次分析法、变权重模糊综合评判法、基于模糊信息分类的专家系统法、可拓评判法、距离判别法、熵度量法、神经网络法和支持向量分类法等，使围岩分级结果更趋科学合理。

从理论基础和操作实用性方面分析，上述方法或多或少地存在一些问题。灰色理论的准确性和使用的简便性尚待商榷。模糊理论存在隶属度、权重难以确定，评判模型选择不同会影响评判结果等缺陷。同时，因为专家知识的琐碎、不精确和不确定，并且获取和表达专家知识又是一项非常繁重、困难的工作，基于模糊信息分类的专家系统法兼具模糊理论和专家系统的缺陷，工程应用可能出现误判情况。可拓评判法在确定评价等级隶属度和评价指标权重方面仍存在极大的主观经验性。距离判别法对各个分类指标的重要性同等对待，夸大了一些微小变化指标的作用。熵度量法采用线性插值的方法计算分级指标的规格化数，同时，围岩稳定性评价值区间的界定主观性较强，这两个关键环节令人难以信服。神经网络是大样本学习机器，在学习样本数量有限时，精度难以保证，样本数量很多时，易陷入维数灾难，泛化性能不高，且易陷入局部最优解。另外，在确定神经网络的拓扑结构方面尚无可靠的理论指导。

本书结合绩黄、宁绩高速公路隧道群施工期围岩分级实践，在大量现场测试和室内试验的基础上，采用近年来发展迅速的新型模式识别方法——支持向量分类（SVC）对隧道围岩稳定性进行分级评价，以便为现场设计变更提供依据。

4.7.1 围岩新分级体系

1. 新分级体系特点

为了弥补国标 BQ 分级法的缺陷，在国标 BQ 分级法原有指标的基础上，增加如下 2 个指标对其进行完善：①节理延展性；②掌子面状态（替换岩体地应力状态）。分级标准仍然依据现有 BQ 分级法。

2. 新分级体系分级指标现场快速测定方法

1）节理延展性

现场目测掌子面节理露头或迹线进行判断，分非贯通、半贯通和贯通 3 种情况，如图 4-14 所示。

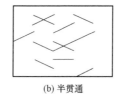
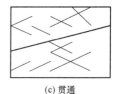

(a) 非贯通　　　　　　　　　(b) 半贯通　　　　　　　　　(c) 贯通

图 4-14　节理延展性现场勘察划分

（1）非贯通节理：节理不能贯通岩体，现场勘察时，如果掌子面内最长的节理在其延展方向上没有达到一半长度，则视其为非贯通节理，如图 4-14 (a) 所示。

（2）半贯通节理：现场勘察时，如果掌子面内最长的节理在其延展方向上达到（或超过）一半长度，但并未贯通整个掌子面，则视其为半贯通节理，如图 4-14(b)所示。

（3）贯通节理：节理连续长度贯通整个岩体，是构成岩体、岩块的边界，它对岩体的稳定性有较大的影响，破坏常受这种节理控制，如图 4-14(c)所示。

假定观测节理连续长度为 l，其延展方向在掌子面总长度为 L，则节理延展性现场观测按表 4-29 进行区分定义。

表 4-29 节理延展性现场观测区分表

节理延展性区分	l 与 L 的关系
非贯通节理	$l < 0.5L$
半贯通节理	$0.5L \leqslant l < L$
贯通节理	$l \geqslant L$

2）岩石单轴饱和抗压强度

相较于单轴饱和抗压强度或点荷载强度测试，回弹强度测试仪器携带更方便、测试操作更简单。结合隧道群施工，现场分级操作采用回弹强度替代岩石单轴饱和抗压强度。

3）岩体完整性

采用现场测定体积节理数（J_v）度量。对成组节理，可以直接统计其平均间距再相加；为了反映非成组节理，避免 J_v 值偏小，对获得的 J_v 值再乘 1.1 的系数进行修正。

4）主要软弱结构面产状影响修正系数

采用地质罗盘测定主要软弱结构面的倾向和倾角，同时测定隧道的轴线方位角，作图确定主要软弱结构面走向与隧道轴向的夹角，按 BQ 分级法规定选定相应的修正系数。如果存在多个软弱结构面，则依次求解每个软弱结构面的修正系数，取其中最大值作为最终的修正系数。

5）地下水影响修正系数

现场主要采用目测法根据经验判断地下水出水状态。现场目测法判断得到的地下水出水状态，分为干燥、潮湿或滴水、线状出水和股状出水 4 种情况。

6）地应力状态影响修正系数（掌子面状态）

工程实践证明，地应力状态与掌子面的稳定性或掌子面采取的支护形式有直接关系，因而此处采用掌子面状态来定性确定岩体地应力状态。现场观察掌子面开挖后围岩的情况和采取的支护形式，将掌子面状态分为自稳、自稳但正面局部掉块、需留核心土、需采用超前锚杆稳定掌子面、需采用小导管超前支护和需采用大管棚超前支护 6 种情况。

4.7.2 隧道施工期围岩现场快速分级

以安徽省绩黄高速公路佛岭分离式隧道，月山 1 号、月山 2 号、玉台连拱隧道，宁绩高速公路虹龙、霞西、庄村、周湾、株岭、陶村、胡乐司分离式隧道，丛山关连拱隧道和十里岩小净距隧道共 13 座隧道施工期围岩现场快速分级工作展开研究。

1. 岩石单轴饱和抗压强度与回弹强度相关试验

在以上隧道施工现场，为保证回弹试验的准确性，操作上应当注意以下几点。

（1）先清理掌子面的岩石碎屑和浮岩，然后再进行回弹试验。

（2）回弹仪要垂直于岩石表面。

（3）在施工现场应当避免用内部裂隙较发育或内部中空的岩石进行回弹试验。

（4）避免在表面渗水较大的岩面进行回弹试验。

（5）要对整个掌子面不同位置，不同岩性的岩石都进行回弹试验，然后对回弹结果取平均值作为掌子面岩石的回弹强度。

在隧道施工期不同地段掌子面先进行岩石回弹强度测试，然后将相同位置的岩石加工成标准岩样，进行室内岩样的单轴饱和抗压强度测试，实验结果如表 4-30 所示。

表 4-30 围岩单轴饱和抗压强度与回弹强度实验结果

隧道名称	掌子面里程	单轴饱和抗压强度 R_c/MPa	回弹强度 R_{ht}/MPa
十里岩	YK70+176	42.491	31.2
虹龙	YK9+695	43.098	32.5
佛岭	YK27+680	47.021	36.5
陶村	ZK42+155	45.166	34.4
佛岭	YK27+572	65.888	54.75
月山 2 号	ZK17+276	43.32	38.5
月山 1 号	ZK17+081	42.361	30.5
玉台	ZK15+863	41.155	30

续表

隧道名称	掌子面里程	单轴/饱和抗压 强度 R_c/MPa	回弹强度 R_{ht}/ MPa
佛岭	YK27+581	43.66	33.75
株岭	ZK35+726	46.975	32.75
陶村	ZK42+260	55.744	44.75
霞西	ZK14+551	41.28	32.75
胡乐司	ZK38+437	54.401	41.75
佛岭	YK27+713	55.02	44

经最小二乘法回归，可得单轴饱和抗压强度与回弹强度关系如下（相关系数 $r=0.957\,2$）：

$$P_c = 144.785 \times \left(1 - e^{-0.010\,86 * R_{ht}}\right) \tag{4-74}$$

式中：R_c——岩石单轴饱和抗压强度，MPa；

R_{ht}——岩石回弹强度，MPa。

2. 新分级体系定性指标的定量化

在隧道围岩新分级体系中，有些是定量指标，如岩石回弹强度、体积节理数、节理粗糙度、主要结构面倾角、隧道轴向方位角、洞室轴向与主要结构面走向夹角，对其他的定性指标首先应该将其定量化。为此，对不同的定性指标按表 4-31 标准进行定量化。

表 4-31 围岩分级定性指标定量化标准

分级 指标	现场勘察情况		取值	分级 指标	现场勘察情况	取值
节理延 展性	非贯通		1	掌子面 状态	自稳	1
	半贯通		0.5		自稳但正面局部掉块	0.8
	贯通		0		需留核心土	0.6
地下水	干燥		0		需采用超前锚杆稳定掌子面	0.4
	潮湿或滴水		0.5		需采用小导管超前支护	0.2
	淋水或 涌水	线状	0.75		需采用大管棚超前支护	0
		股状	1			

在此任取 28 个一般性掌子面，通过现场的地质勘测，按前面介绍的现场测试方法采集围岩分级指标，然后依据国标 BQ 分级法确定隧道围岩的级别，分级结果如表 4-32 所示。

表 4-32 隧道施工期部分地段围岩现场分级结果

序号	掌子面里程	回弹强度/MPa	节理延展性	体积节理数	主要结构面倾角/(°)	主要结构面走向与洞轴线夹角/(°)	地下水状况	掌子面状态	围岩级别
1	ZK25+795	21.36	0.5	15.37	66	18	0.5	0.8	5
2	ZK27+715	27.07	0.5	6.82	78	29	0.0	1.0	4
3	ZK25+783	19.38	0.5	17.36	45	41	0.5	0.8	5
4	YK25+204	23.75	1.0	5.31	63	63	0.5	0.8	4
5	YK25+226	33.1	0.5	4.7	67	61	0.5	1.0	3
6	ZK27+647	25.67	0.0	9.16	62	40	0.5	0.8	4
7	YK25+235	36.71	1.0	2.9	56	24	0.5	0.8	3
8	YK25+242	33.2	0.0	5.43	67	31	0.5	1.0	4
9	ZK24+946	35.76	1.0	6.13	48	40	0.5	1.0	3
10	YK25+259	33	0.0	4.6	52	17	0.5	1.0	4
11	ZK27+161	19.98	1.0	8.93	65	25	0.5	1.0	5
12	ZK24+937	26.32	1.0	4.32	36	68	0.5	0.8	4
13	YK25+806	18.19	1.0	9.85	51	26	0.5	1.0	5
14	ZK24+875	28.6	0.0	3.9	22	20	0.5	1.0	3
15	YK25+300	30.35	1.0	6.82	33	67	0.5	0.8	4
16	ZK24+987	32.93	1.0	4.15	23	53	0.5	1.0	3
17	ZK25+538	17.56	0.5	8.02	87	37	0.5	1.0	5
18	ZK27+597	21.32	0.0	8.62	34	45	0.5	0.8	4
19	ZK25+216	30.11	1.0	3.17	60	27	0.5	1.0	4
20	YK25+540	20.32	0.0	6.64	60	20	0.5	0.8	5
21	YK25+674	18.32	1.0	11.34	87	64	0.5	1.0	4
22	ZK25+434	20	1.0	8	60	41	0.5	1.0	4
23	YK25+596	16.6	1.0	9.02	74	16	0.5	1.0	5
24	YK27+963	31.24	1.0	9.64	35	59	0.5	0.8	4

序号	掌子面里程	回弹强度/MPa	节理延展性	体积节理数	主要结构面倾角/(°)	主要结构面走向与洞轴线夹角/(°)	地下水状况	掌子面状态	围岩级别
25	YK25+158	38.88	0.0	5	84	64	0.5	1.0	3
26	ZK27+734	22.55	1.0	8.74	63	23	0.5	1.0	5
27	ZK27+164	22.1	0.0	17.03	85	39	0.75	0.8	5
28	ZK24+828	28.36	1.0	2.55	30	15	0.0	1.0	4

3. 隧道围岩分级的进化支持向量分类智能模型

1）支持向量多类分类算法

围岩分级属于多类分类问题，以上已经详细介绍了支持向量机两类分类算法。对于多类分类问题目前已经提出了多种方法，其中最典型的就是 1-v-r 方法。其基本思想是把多类分类问题看作一组两类分类问题，建立多个两类分类器，一个分类器对应其中的一类，第 n 个分类器建立第 n 类和所有其他类之间的一个两类分类器。下面来说明围岩分级具体算法过程。

（1）选择隧道工程围岩分级实例作为学习样本 $(\boldsymbol{x}_i, \boldsymbol{y}_i)$，$\boldsymbol{X}$ 是多维向量，表示围岩分级的指标；$\boldsymbol{Y}$ 也是多维向量，每一个分量对应相应的围岩级别，各分量的值为 1 或 -1。

（2）以下过程重复 5 次（围岩级别数），可获得相应级别的分类函数。

① 若围岩属于第 l 级（$l=1, 2, \cdots, 5$），则 $y_{li}=1$，否则 $y_{li}=-1$。

② 根据支持向量分类理论，把学习样本通过映射函数映射到一个高维特征空间，选择适当的核函数和惩罚参数 C，利用学习样本 $(\boldsymbol{x}_i, \boldsymbol{y}_i)$ 解如下的二次优化问题，获得 α_i，b 及其对应的支持向量。

max：

$$W(\boldsymbol{\alpha}) = -\frac{1}{2}\sum_{i,j=1}^{k}\alpha_i\alpha_j y_{li}y_{lj}k(\boldsymbol{x}_i, \boldsymbol{x}_j) + \sum_{i=1}^{k}\alpha_i \qquad (4-75)$$

s.t.

$$\alpha_i \geqslant 0, \sum_{i=1}^{k}\alpha_i y_{li} = 0, i = 1, 2, \cdots, k \qquad (4-76)$$

式中：α_i, α_j 为拉格朗日乘子；$k(\boldsymbol{x}_i, \boldsymbol{x}_j)$ 为核函数。

③ 利用获得的 a，b 及支持向量 $(\boldsymbol{x}_i, y_{li})$，即可获得第 l 级的分类函数。

$$f_l(x) = \text{sign}\left(\sum_{i=1}^{m} \alpha_i y_{li} k(\boldsymbol{x}, \boldsymbol{x}_i) + b\right) \tag{4-77}$$

式中：m 为对应围岩级别的支持向量个数。

（3）利用上面获得的 5 个分类函数，即可判断围岩所属的级别。若分类函数的输出为 1，则表示围岩属于该分类函数对应的级别；若为 −1，则表示不属于对应的级别。

2）遗传–支持向量分类耦合算法

SVC 模型存在两个需要人为调节的参数：①核函数的核参数；②惩罚参数 C。这是一个多参数组合优化问题，以往多采用手动调节、交叉验证的手段选择 SVC 模型参数，这一方面降低了计算效率，另一方面使 SVC 算法能以任意精度逼近任意函数的功能难以发挥。鉴于遗传算法（GA）在解决组合优化问题上的突出优势，本章采用遗传算法来搜索最优的 SVC 网络参数，形成遗传–支持向量分类耦合算法，遗传–支持向量分类耦合算法计算流程图如图 4–15 所示。

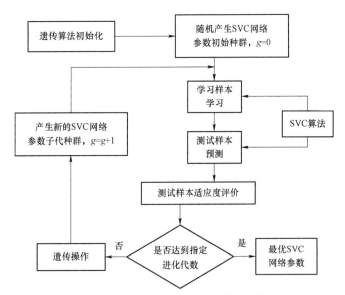

图 4–15　遗传–支持向量分类耦合算法计算流程图

算法实现步骤如下。

（1）遗传算法初始化，随机产生 SVC 网络参数（σ, C）的初始种群，种群中的每个个体都对应一组 SVC 网络参数，计数器记 $g=0$。

（2）SVC 算法读入学习样本和测试样本，同时读入初始种群中的各个体网络参数，进行网络学习和预测。

（3）利用遗传算法的适应函数计算测试样本每个个体的适应度，进行适应度评价。

（4）判断是否达到预先指定的进化代数，如达到，遗传算法返回当前适应度最高的个体，解码得到 SVC 网络参数的最优解，计算结束；否则进入下一步。

（5）选择算子选择初始种群中适应度较高的个体，进行杂交和变异操作，生成相同种群规模的 SVC 网络参数的子代种群，计数器记 $g = g+1$，计算转入（2）。

（6）重复（2）～（5），直到达到指定的进化代数，算法结束，返回最优 SVC 网络参数。

4. 基于遗传–支持向量分类耦合算法的佛岭隧道施工期围岩分级

SVC 网络训练的学习样本为表 4–32 的前 23 个围岩分级数据，后 5 个围岩分级数据作为训练测试样本，遗传算法进化 100 代，种群规模 20，采用排队选择、算术杂交和非均匀变异，杂交概率和变异概率分别为 0.9 和 0.05，采用多项式核函数，SVC 模型参数 d 和 C 的搜索区间依次为[1, 10]和[0, 1 000]。

遗传算法的适应函数为：

$$g\left(x\right) = \exp\left\{-0.05 \times \sum_{i=1}^{n} r_i\right\} r_i = \begin{cases} 1 & y_i - y_i' \neq 0 \\ 0 & y_i - y_i' = 0 \end{cases} \qquad (4\text{--}78)$$

式中：r_i——0–1 变量；

　　　y_i'——训练时第 i 个测试样本的 SVC 预测级别值；

　　　y_i——训练时第 i 个测试样本的级别值。

为了形成对比，借用 Matlab 工具箱自带的 BP 神经元程序与遗传算法相结合，训练样本和 SVC 相同，遗传算法参数也完全与 SVC 相同。经遗传算法搜索，获得的最优 SVC 模型和最优 BP 模型参数分别见表 4–33、表 4–34。

表 4-33　最优 SVC 模型参数

核函数	C	d	适应度值	错分率/%
多项式	714.944 3	2	0.904 8	20

表 4-34　最优 BP 模型参数

隐含层神经元数	学习率	迭代次数	适应度值	错分率/%
41	0.334 9	70	0.904 8	20

从佛岭隧道施工期围岩快速分级实例中另外任取 10 个断面分级结果对
其进行检验，结果见表 4-35。从表 4-35 分级结果来看：佛岭隧道任意 10
个断面的 SVC 分级结果只有一个与现场勘察国际 BQ 分级法分级结果不同，
而 BP 分级结果有 3 个与现场勘察国际 BQ 分级法分级结果不同，证明本书
提出的 SVC 分级模型较 BP 模型有更高的准确性。

表 4-35　佛岭隧道施工期 SVC 模型围岩分级结果

序号	掌子面里程	回弹强度/MPa	节理延展性	体积节理数	主要结构面倾角/(°)	主要结构面走向与洞轴线夹角/(°)	地下水	掌子面状态	BQ分级结果	SVC分级结果	BP分级结果
1	ZK25+001	32.95	1	3.95	43	35	0.5	1.0	3	3	3
2	ZK25+364	18.31	1	12.00	82	46	0.5	0.8	5	5	5
3	ZK27+415	19.80	1	8.81	69	37	0.5	0.8	4	4	4
4	ZK25+848	25.00	0	14.00	84	63	0.5	1.0	4	4	4
5	ZK26+548	35.30	0	6.58	89	67	0	0.8	3	4	4
6	ZK25+025	28.43	1	7.30	35	26	0.5	0.8	4	4	4
7	ZK25+544	16.65	1	18.67	23	36	0.5	0.8	5	5	5
8	ZK26+450	24.75	0	9.15	32	42	0	0.8	4	4	4
9	ZK26+485	31.08	0	7.23	80	28	0	1.0	4	4	5
10	YK27+030	31.40	0	19.63	58	29	0.5	0.8	5	5	5

5. 结论

结合佛岭隧道施工期间围岩分级工作，在国际 BQ 分级系统基础上，引入遗传–支持向量分类耦合算法，得出如下结论。

（1）提出基于国际 BQ 分级法的新分级指标，并介绍每个指标现场快速测定方法。

（2）将小样本分类器——支持向量分类算法引入隧道围岩分级，并将十进制遗传算法与其耦合，采用遗传算法自动搜索训练效果最好的支持向量分类模型参数，有效提高 SVC 算法的泛化性能。

（3）建立岩体分级的遗传–支持向量分类耦合模型，将其应用于佛岭隧道施工期围岩分级工作，结果与现场勘察国标 BQ 分级法分级结果基本一致，较 BP 神经网络模型有更高的分级正确率，证明该模型可以有效用于隧道现场围岩级别判定。

5

高斯过程算法及其在岩土
工程中的应用

　　众所周知，在提取和挖掘原始数据有效信息过程中，无论是前馈多层感知器还是后馈 BP 神经网络均面临网络结构的构架问题。Neal 等于 1992 年前后提出将贝叶斯方法应用于神经网络结构设计中，即考虑了神经网络权重的概率分布，通过贝叶斯定理对先验分布转换为后验分布。随后，1995 年 Neal 在博士论文"Bayesian Learning for Neural Networks"中对神经网络隐含层节点个数的确定方法进行了系统研究，结果发现当该数目趋近于无穷大时，网络权重的高斯先验就趋近于高斯过程。这一成果表明：以回归问题为例，传统的神经元方法在研究和处理非线性问题时需要显式参数化未知函数，而高斯过程恰恰不同，在无需参数化未知函数前提下，直接考虑函数空间上的先验分布。这时，神经网络中参数优化计算也就由高斯过程中的协方差矩阵计算所代替。受这一研究成果的启发，Williams 等将该方法推广到以前由神经网络、决策树所解决的高维回归问题中，尤其是随着该方法的盛行，人们逐渐理解并认识到高斯过程的优势和重要性。高斯过程同支持向量机一起成为21 世纪最为流行的两种机器学习方法。

5.1　高斯过程回归

　　高斯过程回归（Gaussian process regression，GPR）是使用高斯过程（Gaussian process，GP）先验对数据进行回归分析的非参数模型。高斯过程又称正态随机过程，其任意有限变量集合都有着联合高斯分布的特性，即任意一组随机变量 $\{x^i \in X, i=1,\cdots,n\}$ 与其对应的过程状态 $\{Y(x^1),\cdots,Y(x^n)\}$ 的联合概率分布服从 n 维高斯分布。从函数空间的视角看，其全部统计特征完全由它的均值 $\mu(x)=E[Y(x)]$ 和协方差函数 $C(x,x')=E[(Y(x)-\mu(x))(Y(x')-\mu(x'))]$ 来确定，故高斯过程可定义如下：

$$f(x) \sim GP(\mu(x), C(x,x')) \tag{5-1}$$

式中：x，$x' \in X$ ——任意随机变量。

1. 高斯过程预测[18-19]

将数据集 $D = \left\{(x^i, t^i), i=1,\cdots,n\right\}$ 作为高斯模型的训练集，假设观察目标 t 被噪声腐蚀，它与真实输出值相差 ε，则高斯噪声模型为：

$$t^i = f(x^i) + \varepsilon^i, i=1,\cdots,n \quad R^d \to R \tag{5-2}$$

式中：$x^i \in X$ ——d 维输入矢量；

t^i ——输出标量；

ε ——独立的随机变量，符合高斯分布，$\varepsilon \sim N(0, \sigma_n^2)$。

在贝叶斯线性回归 $f(x)=\phi(x)^T w$ 框架下，采用参数向量 w 的随机分布为 $w \sim N(0, \Lambda)$，再由式（5-1）得观测目标值 t 的先验分布为：

$$t \sim N(0, Q = C + \sigma_n^2 I) \tag{5-3}$$

由式（5-3）推出训练样本输出 t 和测试样本输出 t^* 所形成的联合高斯先验分布：

$$\begin{bmatrix} t \\ t^* \end{bmatrix} \sim N\left(0, \begin{bmatrix} C(X,X) + \sigma_n^2 I & C(X, x^*) \\ C(X, x^*) & C(x^*, x^*) \end{bmatrix}\right) \tag{5-4}$$

式中，$C(X,X)$ 为 $n \times n$ 阶对称正定的协方差矩阵，其任意项 c^{ij} 度量了 x^i 和 x^j 的相关性；$C(X, x^*)$ 为测试点 x^* 与训练集的所有输入点 X 的 $n \times 1$ 阶协方差矩；$C(x^*, x^*)$ 为测试点 x^* 自身的协方差。

在给定测试点 x^* 和训练集 D 的条件下，贝叶斯概率预测的目标是计算出概率 $\wp(t^* | D, x^*)$。根据贝叶斯后验概率公式得：

$$t^* | x^*, D \sim N(\mu_{t^*}, \sigma_{t^*}^2) \tag{5-5}$$

式中，t^* 的期望和方差分别为：

$$\mu_{t^*} = C(x^*, X)(C(X, X) + \sigma_n^2 I)^{-1} t \qquad (5-6)$$

$$\sigma_{t^*}^2 = C(x^*, x^*) - C^T(x^*, X)(C + \sigma_n^2 I)^{-1} C(x^*, X) \qquad (5-7)$$

2. 高斯过程核函数选择及参数确定[18-19]

因高斯过程方法中协方差函数在有限输入点集上要求是正定的，且是一个满足 Mercer 条件的对称函数，故式（5-6）可改写成如下形式：

$$\mu_{t^*} = \sum_i^n \alpha_i C(x^i, x^*) \qquad (5-8)$$

式中：$\alpha = (C + \sigma_n^2 I)^{-1} t = Q^{-1} t$。

预测值的均值是核函数的线性组合，可将非线性关系的数据映射到特征空间后转换为线性关系，从而使复杂非线性问题转化为容易处理的线性问题。高斯过程可选择不同的协方差函数，限于篇幅，列出以下 3 种单一协方差函数。

（1）平方指数协方差函数（SE）：

$$C_{SE} = \sigma_f^2 \exp\left(-\frac{M(x^i - x^j)^2}{2}\right) + \sigma_n^2 \delta^{ij} \qquad (5-9)$$

（2）有理二次协方差函数（RQ）：

$$C_{RQ} = \sigma_f^2 \left(1 + \frac{(x^i - x^j)^2 M}{2\alpha}\right)^{-\alpha} \qquad (5-10)$$

（3）Matern 协方差函数：

$$C_M = \sigma_f^2 \left(1 + \sqrt{3M}(x^i - x^j)\right) \exp\left(-\sqrt{3M}(x^i - x^j)\right) \qquad (5-11)$$

式中，令 $\theta = (\{M\}, \sigma_f^2, \sigma_n^2)$ 为包含所有超参数的向量；$\{M\} = \mathrm{diag}(\ell^{-2})$ 为超参数的对称矩阵；参数 σ_f^2 为核函数的信号方差，用来控制局部相关性的程度；ℓ 为关联性测定超参数，其值越大，表示输入与输出相关性越小；α 为核函数的形状参数；σ_n 为噪声的方差。

从式（5-8）的线性表达来看，协方差函数等价于传统机器学习的核函数。它将研究数据嵌入一个合适的被称为特征空间的向量空间，然后通过线性、几何和统计方法，寻找数据的线性关系。因此，满足积分算子理论中 Mercer 定理条件的核函数可分为稳态核和非稳态核两类。其中，稳态核不依赖个体输入向量，而是取决于向量间的差异，即 $C(x^i, x^j) = C(x^i - x^j)$；

非稳态核依赖于输入样本在特征空间的点积操作，因而有较好的全局性质。传统的非稳态核有多项式核和线性核，但通常多项式核随着阶数的增加会出现过拟合现象，故在下文算例中将分别采用 SE、RQ 稳态核及一种新式 NN 非稳态核进行对比研究。接着，对某一具体核函数而言，其又具有自动相关性判定（automatic relevance determination，ARD）和各项同性（isotropic，ISO）两种形式。区别在于前者的超参数 ℓ 的维数与输入变量 $\boldsymbol{X}$ 的维数相同，即对输入变量 $\boldsymbol{X}$ 的任一分量 $\boldsymbol{x}^i$，ℓ 都有一个分量 ℓ_i 与之对应；而后者 ℓ 不随输入变量维数而改变，即认为所有输入与输出的相关性是相同的。

最后，通过对训练样本的对数似然函数采用共轭梯度法获得最优超参数 θ，即：

$$L = \lg \wp(\boldsymbol{t}|\boldsymbol{X}, \boldsymbol{\theta}) = -\frac{1}{2}\boldsymbol{t}^{\mathrm{T}}\boldsymbol{Q}^{-1}\boldsymbol{t} - \frac{1}{2}\lg|\boldsymbol{Q}| - \frac{n}{2}\lg 2\pi \qquad (5-12)$$

$$\frac{\partial}{\partial \theta_i}\lg \wp(\boldsymbol{t}|\boldsymbol{X}, \boldsymbol{\theta}) = \frac{1}{2}\mathrm{tr}\left((\boldsymbol{\alpha}\boldsymbol{\alpha}^{\mathrm{T}} - \boldsymbol{Q}^{-1})\frac{\partial \boldsymbol{Q}}{\partial \theta_i}\right) \qquad (5-13)$$

5.2 高斯过程回归在岩土工程领域的应用研究

高斯过程方法于 20 世纪 90 年代末被提出，Rasmussen 和 Christopher 于 2004 年从机器学习的核方法角度出发，针对分类及回归两类问题做出了系统的理论阐述与数值实验分析。国内，上海交通大学的熊志化于 2005 年首次将其应用于工业过程软测量技术研究，同年台湾科技大学的陈世敏应用该方法进行了山区道路降雨量预测模型研究。至于在岩土工程中的应用报道最早可追溯到 2008 年，其间本书作者也一直关注并从事该领域的研究工作，下面将分别通过单维和高维回归案例分析并展示其在岩土工程领域的应用前景及可行性。

5.2.1 非线性位移时序分析的高斯过程回归建模与外推研究

在 MATLAB 平台构建 GPR 算法并应用于岩土工程领域中的非线性时序预测分析问题，与 ANN 和 SVM 进行比较分析，总结并归纳各算法的特点及不足。

工程算例 1　隧道位移时序分析的高斯过程回归建模与预测[20-21]

高斯回归模型分别选取 SE、NN 两种标准核函数，对文献[22]中收集的某隧道一条测线上的 38 个监测数据进行学习预测，选取表 5-1 中的前 30 个样本作为学习样本，后 8 个样本作为预测样本，每次预测 1 个样本，先预测第 31 号样本，再将该天的实测数据加入学习样本，重新进行学习来预测第 32 号样本，以此类推直到 38 号样本，共构造 8 组时间序列学习样本，实现如图 5-1 所示的滚动预测过程。

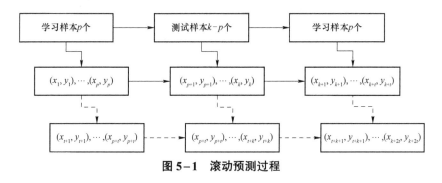

图 5-1　滚动预测过程

在滚动预测过程中，学习和测试样本集构造方式为：假设已经获得前 k 天的变形时序 $\{x_i, y_i\}$（$i=1, \cdots, k$），取前 p 天的变形数据作为初次网络训练的学习样本，剩下（$k-p$）天的变形数据作为初次网络训练的测试样本，初次训练完成后，对后 t 天的变形进行一次预测。然后将这 t 天的实测变形时序 $\{x_i, y_i\}$（$i=k+1, \cdots, k+t$）加入初次样本集并剔除原样本集的前 t 天变形数据，即第 2 次网络训练的学习样本为 $\{x_i, y_i\}$（$i=t+1, \cdots, p+t$），而将变形时序 $\{x_i, y_i\}$（$i=t+1, \cdots, k+t$）中剩下的（$k-p$）天变形时序 $\{x_i, y_i\}$（$i=p+t+1, \cdots, k+t$）作为第 2 次网络训练的测试样本，即第 2 次网络训练时学习及测试样本的数目和第一次保持一样，接着再进行一次 t 天的变形预测，待这 t 天的实测变形获得后，遵循每次网络训练的学习及测试样本数不变，而用最新采集的变形数据更新训练样本集的原则，以此类推，按照以上步骤组成后续网络训练的学习样本和测试样本。隧道位移拟合和外推预测结果如表 5-1 和表 5-2 所示。

表 5-1 隧道位移拟合结果

序号	实测值/mm	SVR 核方法				GPR 核方法			
		拟合值/mm		拟合相对误差/%		拟合值/mm		拟合相对误差/%	
		RBF	Bspline	RBF	Bspline	SE	NN	SE	NN
1	1.33	1.32	1.33	0.75	0	1.45	1.34	9.10	0.65
2	3.10	3.05	3.13	1.61	0.97	3.09	3.15	0.38	1.72
3	4.72	4.76	4.79	0.85	1.48	4.71	4.79	0.31	1.50
4	6.50	6.41	6.41	1.39	1.38	6.29	6.30	3.21	3.07
5	7.88	7.91	7.84	0.38	0.51	7.85	7.78	0.36	1.27
6	9.25	9.52	9.23	2.92	0.22	9.41	9.32	1.74	0.73
7	11.00	11.01	11.01	0.09	0.09	11.00	10.96	0.01	0.38
8	12.76	12.53	12.81	1.80	0.39	12.64	12.70	0.92	0.51
9	14.52	14.25	14.59	1.86	0.48	14.35	14.49	1.15	0.23
10	15.77	15.93	15.70	1.02	0.44	16.11	16.28	2.18	3.20
11	17.60	17.80	17.55	1.14	0.28	17.88	18.01	1.62	2.30
12	19.48	19.67	19.46	0.98	0.10	19.60	19.63	0.62	0.77
13	21.76	21.43	21.78	1.52	0.09	21.20	21.12	2.58	2.94
14	22.55	22.71	22.59	0.71	0.18	22.62	22.46	0.29	0.41
15	24.08	23.98	24.15	0.42	0.29	23.82	23.64	1.07	1.84
16	24.84	24.93	24.82	0.36	0.08	24.82	24.66	0.09	0.72
17	25.45	25.58	25.44	0.51	0.04	25.62	25.54	0.69	0.36
18	26.12	26.15	26.12	0.12	0	26.29	26.29	0.64	0.65
19	26.77	26.64	26.79	0.49	0.08	26.85	26.92	0.30	0.56
20	27.42	27.18	27.43	0.88	0.04	27.34	27.45	0.27	0.10
21	27.45	27.82	27.44	1.35	0.04	27.79	27.89	1.23	1.59
22	28.32	28.42	28.28	0.35	0.14	28.18	28.25	0.50	0.25
23	29.22	28.80	29.22	1.44	0	28.51	28.55	2.42	2.31
24	28.62	28.90	28.62	0.98	0	28.78	28.79	0.57	0.59
25	28.62	28.76	28.83	0.21	0.04	28.99	28.98	1.30	1.27
26	29.02	29.18	29.04	0.55	0.07	29.15	29.14	0.43	0.42
27	29.55	29.32	29.54	0.78	0.03	29.26	29.27	0.97	0.95
28	29.38	29.46	29.39	0.27	0.03	29.36	29.37	0.05	0.03
29	29.21	29.60	29.21	1.34	0	29.46	29.45	0.86	0.83
30	29.72	29.74	29.72	0.07	0	29.56	29.51	0.53	0.69
e				**0.90**	**0.25**			**1.21**	**1.06**

表 5-2 隧道位移外推预测结果

序号	实测值/mm	SVR 核方法				GPR 核方法			
		外推值/mm		外推相对误差/%		外推值/mm		外推相对误差/%	
		RBF	Bspline	RBF	Bspline	SE	NN	SE	NN
31	30.03	30.09	30.01	0.20	0.07	29.75	29.56	0.93	1.57
32	30.72	30.44	29.85	0.91	2.83	30.15	29.80	1.86	2.99
33	29.83	31.37	31.02	5.16	3.99	30.89	30.31	3.55	1.61
34	30.08	29.67	29.70	1.36	1.26	30.44	30.20	1.20	0.40
35	30.41	28.48	29.37	6.35	3.42	30.22	30.24	0.62	0.56
36	30.74	29.96	30.52	2.54	0.72	30.34	30.40	1.30	1.11
37	30.96	31.12	30.78	0.52	0.58	30.64	30.64	1.03	1.03
38	30.38	31.46	30.61	3.55	0.76	30.91	30.89	1.74	1.68

为体现该方法的性能,与 SVR 预测效果进行对比,同时定义如下评定函数作为定量衡量高斯过程回归预测精度的指标。

(1)平均相对误差:

$$e = \frac{1}{n} \sum_{1}^{n} \left| t_i^* - t_i \right| \times 100 / t_i \tag{5-14}$$

(2)均方差:

$$mse = \sqrt{\frac{1}{n} \sum_{i=1}^{n} (t_i^* - t_i)^2} \tag{5-15}$$

(3)最大相对误差:

$$mre = \max \left(\frac{\left| t_i^* - t_i \right| \times 100}{t_i} \right) \tag{5-16}$$

式中:t_i——预测时第 i 个样本的样本值;

t_i^*——预测时第 i 个样本的预测值。

由表 5-1 数据可知，SVR 对学习样本的拟合精度还是较高，GPR 相对表现出一些欠拟合特征，但总体而言，两种方法在拟合精度上都在 98%以上，且 GPR 的建模和参数处理较为简单，因而认为这种"欠拟合"学习模型依然可以接受。由表 5-2 可知，GPR 的预测效果要明显强于 SVR，其中采用 NN 核函数时可获得 1.37%的平均相对误差，体现出该网络很好的泛化性，同时从表 5-3 的误差分析可知，NN 方法在所有误差项上均为所有方法中最优，其均方差和最大相对误差的减小更能反映预测值同实测值之间的离散程度减小，更具有代表性。

表 5-3　误差分析表

误差	SVM（RBF）	SVM（Bspline）	GPR（SE）	GPR（NN）
e	2.57	1.70	1.53	1.37
mre	6.35	3.99	3.55	2.99
mse	1.01	0.66	0.53	0.48

本算例的隧道位移收敛时序曲线为一种减速、匀速渐进的曲线形式，故 NN 标准单一核函数的应用足以得到较好的效果，但对于更为复杂的时序特征曲线，比如具有中期增速突变的时序曲线，仍需要根据 Mercer 核的封闭运算规则，将标准单一核函数通过线性、指数、多项式等方式组合构造出新的核函数形式，这样可同时考虑各核函数不同的全局性质，从而满足工程应用需求，因此后续将对新的构造核函数性能和实用性开展进一步的研究讨论。

工程算例 2　边坡变形非线性时序分析外推预测建模[22]

高斯过程回归模型分别选取 SE、NN、RQ 三种标准核函数，对文献[1]中卧龙寺边坡从 1971 年 3 月 25 日—1971 年 4 月 29 日共计 36 个滑坡变形监测数据进行学习预测，前 30 个作为 GPR 的学习样本，后 6 个作为外推检验样本，监测数据如表 5-4 所示。

为反映和评估本书方法的有效性，与文献[1]中基于 ANN 和文献[7]中基于 SVR 方法得到的外推预测结果进行对比分析，外推预测结果对比和误差统计如表 5-5 和表 5-6 所示。

表5-4 卧龙寺滑坡变形监测数据

监测日期	变形/mm	监测日期	变形/mm	监测日期	变形/mm
71-3-25	7.0	71-4-8	10.8	71-4-22	20.0
71-3-26	7.3	71-4-9	11.1	71-4-23	23.0
71-3-27	7.8	71-4-10	12.0	71-4-24	24.0
71-3-28	8.2	71-4-11	13.0	71-4-25	25.2
71-3-29	8.4	71-4-12	13.4	71-4-26	26.0
71-3-30	8.7	71-4-13	14.0	71-4-27	27.0
71-3-31	9.0	71-4-14	15.0	71-4-28	28.2
71-4-1	9.2	71-4-15	16.1	71-4-29	30.0
71-4-2	9.4	71-4-16	16.4	71-4-30	31.0
71-4-3	10.0	71-4-17	17.2	71-5-1	32.0
71-4-4	10.1	71-4-18	17.6	71-5-2	33.0
71-4-5	10.3	71-4-19	18.2	71-5-3	42.0
71-4-6	10.4	71-4-20	19.0	71-5-4	47.0
71-4-7	10.5	71-4-21	19.2	71-5-5	61.0

表5-5 基于不同核函数的SVR与GPR滑坡变形外推预测结果对比

日期	变形/mm	ANN预测/mm	SVR外推预测/mm		GPR外推预测/mm		
			RBF预测	Bspline预测	NN预测	SE预测	RQ预测
71-4-30	31.00	33.16	29.58	32.28	31.17	30.28	30.46
71-5-1	32.00	35.62	31.03	35.94	32.57	31.61	31.79
71-5-2	33.00	38.36	33.33	41.19	33.85	32.67	32.90
71-5-3	42.00	41.17	36.80	48.41	35.00	33.59	33.86
71-5-4	47.00	43.78	41.74	57.99	38.59	38.94	38.99
71-5-5	61.00	46.25	48.47	70.35	44.24	54.75	53.85

表5-6 误差统计表

误差项	ANN	SVR		GPR		
		RBF	Bspline	NN	SE	RQ
最大误差/%	24.18	20.54	24.82	27.48	17.15	19.38
最小误差/%	1.98	1.00	4.13	0.55	1.00	0.30
平均误差/%	11.26	8.79	15.87	11.16	8.66	8.47
误差≥10%	3	3	5	3	3	3

从表 5-5 和表 5-6 可知，尽管当采用不同核函数时高斯过程回归对测试样本的外推性能有所不同，但误差分布离散性明显较 ANN 和 SVR 小，总体性能优于后者而且 RQ 的平均误差仅为 8.47%。值得注意的是，由于影响边坡稳定性的地质和工程因素通常具有随机性、模糊性及离散性，因而一次完整的滑坡破坏通常伴随着跳跃及突变。滑坡时间序列可以归纳为 3 种类型，分别为减速-匀速型、匀速-增速型、复合型。其中减速-匀速型和匀速-增速型属于简单滑坡变形模式，前者变形速率稳定，波动较小，规律性强，故可通过简单的指数函数方法进行拟合回归；后者往往在变形发展后期存在位移突变，预测模型的训练学习样本包含不完整的监测信息分布和发展规律，导致预测模型对后期变形发展外推能力差。复合型时序曲线包含了上述两种简单曲线的信息特征，卧龙寺滑坡就属于匀速-增速（突变）型（最后一天位移突增 14 mm），故而传统的学习预测模型往往不能很好地适应和处理突变效应。本节在此采用标准的 GPR 算法对其进行时序分析，与其他两类算法相比，在对最后一天的预测分析中，GPR 对处理具有突变特性的数据呈现出显著的优越性。

通过对两类非线性变形的预测模型研究得到以下结论。

（1）将高斯过程成功应用于岩土工程领域的位移时序分析，结果表明该方法对处理非线性问题呈现较好的适应性，其估计输出具有概率意义且预测平均相对误差较传统方法小，完全满足工程需求。

（2）无论是支持向量机还是高斯过程均存在核函数选择问题，其直接影响着核机器的泛化性能。因此，有必要对核函数参数优化问题进一步开展讨论研究。

（3）在工程算例 2 中，在对具有突变、加速等特性的数据样本的处理上，高斯过程学习及外推能力明显优于支持向量机。

5.2.2　基于 Mercer 重构核的高斯过程边坡角智能设计[23]

在边坡工程中，边坡角设计不当往往会导致岩体塌落和滑坡等重大事故，因而边坡角的合理设计对于边坡稳定性具有举足轻重的影响。但由于影响边坡稳定性的地质和工程因素通常具有随机性、模糊性及离散性，故边坡角设计是一个多尺度、高非线性问题。这里，传统的边坡角设计方法缺点与不足不再赘述，下面将在综合考虑不同边坡破坏模式及影响因素的基础上，以国内收集到的 26 个铁矿边坡工程实例作为高斯过程建模的样本集，讨论其在边坡角设计应用上的有效性。

1. 边坡角设计影响因素分析

工程实践表明，岩石边坡角设计同岩石单轴抗压强度、结构面倾角、内摩擦角、岩石黏聚力、边坡高度、地下水条件和位置等 10 个因素相关。引用文献[9]中收集到的 21 个边坡工程实例作为学习样本，5 个作为检测高斯过程回归模型预测能力的测试样本。同时为满足高斯过程建模的需要，在对其中一些定性影响因素做出如表 5-7 所示量化标准的简化定量处理后得到如表 5-8 所示的学习和测试样本。

表 5-7　影响因素的输入量化标准

影响因素	类型	量化标准
岩体结构类型	薄层镶嵌结构	1
	层状结构	2
	块状镶嵌结构	3
	似层状结构	4
	块状结构	5
	层状−块状结构	6
可能的破坏类型	圆弧破坏	1
	平面−圆弧破坏	2
	双滑块折线破坏	3
	折线形破坏	4
滑动面与边坡面的位置关系	平行	0
	斜交（含 45°斜交）	0.5
	垂直	1

表 5-8 学习和测试样本

编号	单轴抗压强度/MPa	结构面倾角/(°)	滑动面与边坡面的位置关系	地下水条件	岩体结构类型	可能破坏类型	黏聚力/10^5 Pa	内摩擦角/(°)	边坡高度/m	安全系数	边坡角/(°)
1	106.3	50	0	5	1	1	5.0	37.5	496	1.20	39.5
2	78.0	70	1.0	4	2	1	8.2	39.0	496	1.15	37.5
3	38.2	70	0.5	5	3	2	3.8	37.5	494	1.25	37.0
4	154.9	50	0.5	3	4	3	5.7	36.0	480	1.15	42.0
5	154.8	47	0.5	3	5	3	5.0	38.0	292	1.15	45.0
6	67.7	62	0.5	3	5	3	4.5	36.0	365	1.15	46.0
7	67.7	62	0.5	3	4	1	6.4	35.0	382	1.15	46.0
8	67.7	62	0.5	3	4	4	6.0	39.0	645	1.15	37.0
9	72.0	65	0.5	4	6	4	7.2	38.0	130	1.20	50.0
10	64.2	65	0.5	7	2	4	6.8	35.0	108	1.20	55.0
11	46.2	45	0.5	7	2	1	6.8	35.0	200	1.20	55.0
12	64.8	45	0.5	5	6	4	9.0	39.0	375	1.25	49.0
13	64.8	45	0.5	5	6	4	7.0	37.0	231	1.25	52.5
14	59.0	80	0.5	3	6	4	4.8	37.0	218	1.20	39.5
15	82.1	60	0.5	5	5	3	4.1	38.0	138	1.20	48.0
16	82.1	50	0.5	5	5	3	4.2	37.0	115	1.20	57.5
17	82.1	45	1.0	5	5	3	2.9	34.0	123	1.20	52.5
18	82.1	45	1.0	5	5	3	4.0	36.0	110	1.20	57.5
19	147.4	67	0.5	5	3	2	9.9	36.0	198	1.20	48.0
20	147.4	45	0.5	5	3	2	8.5	36.0	142	1.20	52.5
21	124.8	60	0.5	5	3	2	9.0	35.5	182	1.20	52.5
22	67.7	65	0	3	2	4	6.0	34.0	462	1.15	43.0
23	72.0	65	0.5	7	3	1	7.0	37.0	154	1.20	50.0
24	64.2	65	0.5	7	3	1	6.4	35.0	138	1.20	52.0
25	82.1	50	0.5	5	2	1	4.1	36.0	100	1.20	57.0
26	147.5	45	0.5	5	2	1	9.0	37.0	137	1.20	54.0

2. 组合核函数设计

传统方法中采用式（5-9）～式（5-11）所示的稳态协方差函数作为高斯过程的核函数，本算例基于统计学理论对上述基本核函数进行改进从而构造新的核函数。考虑到当 $f_1(\boldsymbol{x})$，$f_2(\boldsymbol{x})$，$\cdots$，$f_m(\boldsymbol{x})$ 都是相互独立的高斯随机过程时，随机过程 $f(\boldsymbol{x}) = \sum_{i=1}^{m} f_i(\boldsymbol{x})$ 也为一个高斯过程，故采用式（5-17）的组合核函数建立高斯过程回归模型：

$$K(\boldsymbol{x}, \boldsymbol{x}') = \sum_{i=1}^{m} C_i(\boldsymbol{x}, \boldsymbol{x}') \qquad (5-17)$$

$$f(\boldsymbol{x}^*) = \sum_{i}^{n} \alpha_i K(\boldsymbol{x}^i, \boldsymbol{x}^*) \qquad (5-18)$$

式中：$\boldsymbol{x}^i$ —— 第 i 个边坡角对应的影响因素；

$\boldsymbol{x}^*$ —— 需要预测的边坡角对应的影响因素；

K —— 组合核函数；

$\boldsymbol{\alpha} = \boldsymbol{Q}^{-1} \boldsymbol{t}$。

3. 算法实现与分析

基于 MATLAB 平台，分别考虑 SE、RQ、Matern 3 种单一函数与两两相加组合构成的 3 种组合形式共计 6 种核函数性能，同时将自动相关性测定（ARD）参数引入 SE 和 RQ 中，以表 5-8 中的前 21 个样本作为学习样本，通过学习找到最好的 GPR 网络，并在此基础上对后 5 个测试样本做出预测。评价指标依然采用式（5-14）～式（5-16）。最终得到如表 5-9 所示的测试样本预测结果，如表 5-10 所示的误差分析表，以及如表 5-11 所示的基于组合核函数的最优超参数。

表 5-9　测试样本预测结果

编号	样本值	GPR						SVR（ε-insensitive 损失函数）	
		核（协方差）函数						核函数	
		RQ	SE	Matern	Matern+SE	Matern+RQ	RQ+SE	RBF	Linear
22	43	43.799	45.104	42.749	45.094	43.649	43.564	42.08	39.52
23	50	51.260	50.061	51.920	50.058	50.091	49.487	49.77	50.26
24	52	54.186	53.649	53.911	53.666	53.659	50.271	50.80	50.86
25	57	58.487	56.952	52.148	57.001	57.001	56.113	57.52	55.52
26	54	52.117	52.880	51.178	52.807	52.836	52.455	51.86	54.97

表 5-10 误差分析表

误差	GPR						SVR	
	RQ	SE	Matern	Matern+SE	Matern+RQ	RQ+SE	RBF	Linear
e	2.93	2.07	4.36	2.08	1.87	2.00	1.96	3.03
mse	1.60	1.30	2.79	1.31	1.17	1.16	1.20	1.82
mre	4.20	4.89	8.51	4.87	3.83	3.33	3.96	8.09

表 5-11 基于组合核函数的最优超参数

组合核函数	ℓ_1	ℓ_2	ℓ_3	ℓ_4	ℓ_5	ℓ_6	ℓ_7	ℓ_8	ℓ_9	ℓ_{10}	σ_f^2	α
RQ	4.30	1.77	30.56	44.62	69.25	73.08	9.31	1.44	1.82	68.71	0.87	5.46
Matern	48.34										0.021	

注：本书的输入属性为 10 维，故表征输入输出相关性大小应采用 RQ 函数的 ℓ（ARD 参数）来判断；Matern 函数的 ℓ 为各向同性相关性参数，不能作为属性判断依据。

通过对表 5-9 中 GPR 模型预测结果与文献[9]的 SVR 模型预测结果进行对比分析可知，从工程应用角度而言，本算例的 3 种组合核函数和文献[9]中的 RBF 核函数在边坡角设计上效果都较好，平均相对误差都在 5% 以内。从表 5-10 误差分析表可知，对于 GPR 模型而言，采用 6 种不同核函数时，组合核函数都比单一核函数的预测效果要好，其中采用 K_{RQ+SE} 得到的预测平均相对误差为 2.00%，均方差为 1.16，最大相对误差为 3.33%，明显地改善和提高了单一核函数的网络预测精度和泛化能力，说明核函数的选择对预测精度的影响较大。对于 SVR 模型而言，采用 RBF 核函数，其平均精度为 1.96%，均方差达到 1.20，最大相对误差也为 K_{RQ+SE} 组合核函数的近 1.2 倍，其 Linear 核函数的预测能更差。

在 GPR 模型中，K_{RQ+SE} 虽然比 $K_{Matern+RQ}$ 组合核函数在均方差和最大相对误差两项指标上效果都好，但根据现有研究表明，在 K_{RQ+SE} 组合核函数中 SE 和 RQ 分别含有 ARD 参数，因而这种组合模型参数较多、函数形式复杂，得到的 ARD 参数意义不明确，无法用来进行输入与输出属性判断，而 $K_{Matern+RQ}$ 中仅包括 RQ 的 ARD 参数，可用来反映出各输入因素的属性与输出属性的相关性，它对于降低输入空间维数、改进网络推广能力有积极意义，表 5-11

中参数经过大小排序后可以发现内摩擦角、边坡高度和结构面倾角与边坡角相关性较大，而安全系数、可能破坏类型、地下水条件与其相关性较小。从概率角度而言，SVR 的估计输出不具有概率意义，GPR 则不同，它有着容易实现、估计输出具有概率意义的优点，而且考虑到误差分析中的均方差项描述了概率分布与其数学期望的离散程度，相比之下，GPR 的组合核函数方法在最大相对误差和均方差项上的结果都比 SVR 的 RBF 小，更能反映预测值的代表性。可见从参数意义和预测的概率解释两方面考虑，GPR 的 $K_{Matern+RQ}$ 组合核函数形式为本算例中的最优方法。

4. 结论

（1）将高斯过程应用于边坡角设计，结果表明：该方法对处理非线性问题呈现出较好的适应性，其估计输出具有概率意义，且预测平均相对误差仅为 1.87%，完全满足工程需求。

（2）基于相加组合核函数的 GPR 网络预测和泛化能力比单一核函数效果更好，与传统的 SVR 相比，其预测的平均误差、均方差和最大相对误差都较小，预测值同实测值之间的离散程度更小，同时核函数超参数具有明确的物理意义。

（3）在建模过程中，将自动关联性测定超参数引入组合核函数中，把输入属性和输出属性的相关性测定视为一类特征选取方法，从而得到表征与输出目标值相关性大小的输入属性顺序。

5.3 基于粒子群优化–模拟退火–高斯过程回归算法的边坡变形预测

5.3.1 典型滑坡变形时间序列

收集三组滑坡监测数据作为学习测试样本，如表 5–4、表 5–12 和表 5–13 所示。以外推预测平均误差指标评价粒子群优化–模拟退火–高斯过程回归算法（PSO-SA-GPR）、遗传–高斯过程回归算法（GA-GPR）、粒子群优化–高斯过程回归算法（PSO-GPR）及文献[2]提出的改进支持向量机算法

（SVM）的性能。

表 5-12 三峡永久船闸高边坡 TP/BM11GP02 测点位移监测数据

监测日期	变形/mm	监测日期	变形/mm	监测日期	变形/mm
96-11-15	0	97-10-17	3.72	98-9-16	14.00
96-12-14	0.05	97-11-18	4.18	98-10-8	14.45
97-1-14	0.79	97-12-10	5.18	98-11-9	16.05
97-2-15	0.40	98-1-14	5.71	98-12-10	17.52
97-3-12	1.13	98-2-14	6.26	99-1-8	20.11
97-4-15	1.79	98-3-16	7.73	99-2-4	19.24
97-5-16	1.46	98-4-12	8.43	99-3-9	22.41
97-6-15	1.37	98-5-16	7.54	99-4-9	22.45
97-7-14	1.94	98-6-14	10.99	99-5-15	23.75
97-8-16	2.32	98-7-13	10.16	99-6-15	23.24
97-9-15	2.53	98-8-10	12.33	99-7-15	22.95

表 5-13 链子崖滑坡 GA 测点位移监测数据

监测日期	变形/mm	监测日期	变形/mm	监测日期	变形/mm
78-12	10.32	82-12	42.98	86-12	49.95
79-12	26.96	83-12	44.93	87-12	51.75
80-12	34.07	84-12	47.16	88-12	52.50
81-12	38.65	85-12	48.38		

5.3.2 变形预测及结果分析[3]

变形预测方法采取滚动预测，相应参数取值为 $k=(27, 36, 8)$，$p=(26, 35, 7)$，$t=(1, 1, 1)$。GPR 核函数分别采用神经元型（NN）、平方指数型（SE）和有理二次型（RQ）。PSO 算法的粒子范围为 $[w_{min}, w_{max}]=[0.3, 0.9]$，学习因子 c_1 和 c_2 都取 2.0，种群规模取 40，最大迭代步数为 100。SA 参数为初始温度 $T=10\,000$，$h=0.95$，完成 7 个马氏链长 $L=300$ 迭代（$S=2\,100$）。

最后，分别对三组滑坡变形进行了预测分析，外推预测结果如表 5-14 所示；基于 PSO-SA 的 GPR 历次网络训练最优超参数如表 5-15 所示；误差统计表如表 5-16 所示。

表 5-14 基于不同核函数的三组滑坡变形外推预测结果

滑坡实例	日期	变形/mm	GA-GPR 外推/mm			PSO-GPR 外推/mm			PSO-SA-GPR 外推/mm		
			NN预测变形	SE预测变形	RQ预测变形	NN预测变形	SE预测变形	RQ预测变形	NN预测变形	SE预测变形	RQ预测变形
A	99-2-4	19.24	21.08	24.64	24.51	20.74	21.15	20.57	20.80	20.76	20.76
	99-3-9	22.41	20.58	20.51	20.51	20.30	18.80	20.96	21.54	21.42	21.41
	99-4-9	22.45	23.87	23.47	23.45	24.21	23.57	23.55	23.43	23.35	23.35
	99-5-15	23.75	23.95	23.87	23.84	23.86	22.88	23.16	24.50	24.34	24.32
	99-6-15	23.24	24.52	24.43	24.43	25.04	24.92	24.83	25.62	25.98	25.31
	99-7-15	22.95	24.29	24.27	24.26	24.09	22.77	22.52	25.99	25.97	24.99
B	71-4-30	31.00	31.49	31.56	31.59	31.43	31.48	31.45	31.17	30.28	30.46
	71-5-1	32.00	32.00	32.42	32.41	32.37	32.25	32.27	32.57	31.61	31.79
	71-5-2	33.00	32.86	33.35	33.34	33.23	33.05	33.18	33.85	32.67	32.90
	71-5-3	42.00	33.82	34.32	34.32	34.23	34.04	34.94	35.00	33.59	33.86
	71-5-4	47.00	37.25	36.48	36.5	37.23	37.41	36.74	38.59	38.94	38.99
	71-5-5	61.00	56.27	56.88	56.57	59.07	57.83	56.51	44.24	54.75	53.85
C	86-12	49.95	50.06	48.59	47.78	49.32	49.16	49.19	49.33	47.21	47.39
	87-12	51.75	51.06	50.17	51.17	50.85	51.82	49.40	50.71	49.11	49.39
	88-12	52.50	53.56	54.42	53.02	52.59	53.77	52.65	52.48	51.51	52.59

注：A 代表三峡滑坡；B 代表卧龙寺滑坡；C 代表链子崖滑坡。

表 5-15 基于 PSO-SA 的 GPR 历次网络训练最优超参数

滑坡实例	训练样本起讫编号	参数									
		NN			SE			RQ			
		$\ln\theta_1$	$\ln\theta_2$	$\ln\theta_3$	$\ln\theta_1$	$\ln\theta_2$	$\ln\theta_3$	$\ln\theta_1$	$\ln\theta_2$	$\ln\theta_3$	$\ln\theta_4$
A	1～27	1.480	8.645	0.046	3.675	10.965	0.006	4.061	11.223	6.122	0.160
	2～28	1.509	4.364	0.074	1.877	3.049	0.001	1.917	2.810	0.727	0.088
	3～29	2.748	7.559	0.533	8.361	14.929	0.152	6.062	13.482	5.807	0.117
	4～30	2.113	4.074	0.036	2.260	2.811	0.455	2.483	2.703	0.578	0.102
	5～31	0.718	5.328	0.484	2.230	2.864	0.123	3.109	2.925	0.310	0.013
	6～32	1.148	3.281	0.289	2.070	4.277	0.503	2.199	2.238	0.771	0.319

续表

滑坡实例	训练样本起讫编号	参数									
		NN			SE			RQ			
		$\ln\theta_1$	$\ln\theta_2$	$\ln\theta_3$	$\ln\theta_1$	$\ln\theta_2$	$\ln\theta_3$	$\ln\theta_1$	$\ln\theta_2$	$\ln\theta_3$	$\ln\theta_4$
B	1～36	0.725	7.629	0.131	4.994	9.503	0.160	3.351	6.414	1.155	0.525
	2～37	2.942	5.124	0.013	3.533	4.131	0.136	3.048	3.503	0.210	0.014
	3～38	2.448	5.083	0.001	3.395	3.536	0.276	3.057	3.171	0.001	0.111
	4～39	1.967	5.211	0.007	2.760	3.275	0.288	4.057	3.571	0.005	0.111
	5～40	6.933	14.392	0.015	6.175	12.82	0.052	6.154	13.512	6.229	0.400
	6～41	3.365	13.83	0.527	0.563	5.709	0.213	1.586	3.680	0.110	0.061
C	1～8	1.245	1.770	0.175	2.112	1.653	0.003	2.278	1.855	0.320	0.380
	2～9	1.430	1.850	0.147	3.217	1.892	0.372	2.548	1.954	0.741	0.673
	3～10	1.821	2.249	0.192	1.747	3.992	0.146	2.853	2.075	0.788	0.794

表 5-16　误差统计表

滑坡实例	核函数	外推预测误差/%											
		PSO-GPR				GA-GPR				PSO-SA-GPR			
		最大误差	最小误差	平均误差	误差≥10	最大误差	最小误差	平均误差	误差≥10	最大误差	最小误差	平均误差	误差≥10
A	NN	9.42	0.46	6.37	0	9.56	0.84	6.04	0	7.90	1.77	4.38	0
	SE	16.11	0.78	7.12	1	28.07	0.51	8.74	1	10.91	0.52	4.68	1
	RQ	6.84	2.48	4.89	0	27.39	0.38	8.59	1	7.38	1.26	4.43	0
B	NN	20.79	0.70	7.62	2	20.74	0.00	8.33	2	20.62	0.18	7.34	2
	SE	20.40	0.15	7.88	2	22.38	1.06	8.60	2	21.47	0.85	8.22	2
	RQ	21.83	0.55	8.14	2	22.34	1.03	8.68	2	21.36	0.03	7.74	2
C	NN	1.74	0.17	1.07	0	2.02	0.22	1.19	0	1.87	0.19	1.08	
	SE	2.42	0.14	1.38	0	3.66	2.72	3.14	0	1.86	0.64	1.30	0
	RQ	4.54	0.29	2.17	0	4.34	0.99	2.15	0	3.32	0.21	1.60	0
统计				5.18	7			6.16	8			4.53	7

在外推预测值和平均误差指标方面，由表 5-14 和表 5-16 可知，三种进化算法在不同程度上改进了高斯过程的泛化能力。其中，以 PSO-SA 算法

优化后的 GPR 外推效果最好，平均误差仅为 4.53%，最大误差超过 10% 的有 7 项；GA 得到的平均误差结果相对较大，达到 6.16%。横观而论，三种优化方法所得到的误差指标在数量上存在一些差异，但一致表明采用进化算法可以避免传统共轭梯度法的不足及参数选择的盲目性。限于篇幅，PSO 和 GA 优化得到的 GPR 最优参数不再列出。

在核函数选择方面，无论采用哪种进化算法，当核函数采用 NN 时，其外推预测效果最佳。以 PSO-SA-GPR 算法为例，对三大滑坡变形预测误差分别为 4.38%、7.34% 和 1.08%，而 RQ 和 SE 核函数对三大滑坡外推效果稍差于 NN。另外，与文献[7]中基于支持向量机（SVM）的构造核函数 LPG 相比，后者对卧龙寺这类具有突变特性的滑坡变形外推预测效果较好，为 6.51%，对链子崖滑坡这类传统指数回归型数据外推预测效果反而很差，为 2.39%；而本书提出的 NN 分别为 7.34% 和 1.08%。但是，NN 核函数自身参数少，操作简易，而 LPG 具有三个核参数且用于构造 LPG 的单一核函数之间的权重参数人为指定。故本书提出的 NN 核函数对三类滑坡时序分析具有一致的适用性，改善了单一核函数对不同数据类型的兼容性且对三峡滑坡这种复合型时序数据预测与 RQ 差异性仅在 1.0% 以内。

在算法简易性、有效性方面，本书提出的 PSO-SA-GPR 算法在这方面优势明显。图 5-2 基于两种算法给出针对最复杂的卧龙寺滑坡变形时序数据（数据突变，见图 5-3）回归拟合时的适应度值曲线。其中，适应度值的震荡减弱体现了优化算法对 GPR 网络参数的寻优过程，在经历 100 迭代步后就能达到令人较为满意的工程应用需求，相应参数寻优结果如表 5-15 所示。

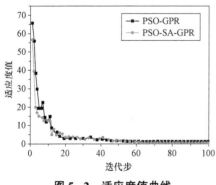

图 5-2 适应度值曲线

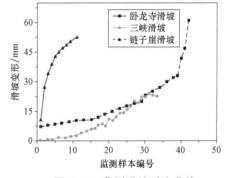

图 5-3 典型滑坡时序曲线

总体而言，当采用构造简单的 NN 核函数时，PSO-SA 算法进化的 GPR 外推效果最好并改善了单一核函数对不同数据类型的适应兼容性，能更加有效地应用于核机器学习的核函数选择设计。

5.4 基于遗传–组合核函数高斯过程回归算法的隧道工程弹塑性模型参数反演[19]

数值分析在岩体工程中得到广泛应用。然而，工程区域内岩体的初始地应力和相应的岩体力学参数无论由室内实验或现场原位实验确定都与实际有较大偏差，这在很大程度上限制了数值方法的成功应用，岩土数值计算模型的参数辨识越来越受到重视。基于计算智能的位移反分析技术由于计算效率高、收敛性好，能够考虑三维数值分析，成为岩土工程参数辨识的主要研究热点。对于智能反分析来说，学习机器的性能至关重要，以往智能反分析大都采用神经网络作为学习机器，但神经网络存在大样本、局部最优和过拟合的缺陷，鉴于此，一些学者将小样本学习机器——支持向量回归（SVR）引入位移反分析，取得了良好的应用效果。但支持向量回归估计输出不具有概率意义，在变型空间被拉长或不对称的情况下，其输出结果不是很有效。

高斯过程（GP）是近年来基于统计学理论发展而来的一种全新学习机，它对处理高维数、小样本、非线性等复杂分类和回归问题具有很好的适应性，且泛化能力强，在不牺牲性能的条件下，与人工神经网络和支持向量机相比有着更容易实现的特点。同时，其超参数可通过求取训练样本的对数似然函数的极大值自适应获取，有着灵活的非参数推断和预测输出的概率解释，是一个具有概率意义的核学习机。苏国韶等运用高斯过程回归（GPR）算法进行了岩体爆破效应预测和基坑位移时间序列预测的研究，取得了较人工神经网络和灰色系统更优的预测效果。苏国韶等还运用高斯过程分类（GPC）算法进行了边坡稳定性评价的研究，并与支持向量分类（SVC）算法的结果进行了对比，验证了 GPC 算法分类结果的高精确性。但现有高斯过程算法都是采用共轭梯度法来获得最优超参数，共轭梯度法存在优化效果初值依赖性强、迭代次数难以确定和局部优化的缺陷，在此改用遗传算法替代共轭梯度法在训练过程中自动搜索高斯过程最优超参数。Rasmussen 经研究指出组合核函数可以改善单一核函数高斯过程的泛化性能。结合张（家口）石（家庄）高速二期北口隧道施工监测，针对位移反分析的需要，本书采用一种新型核函数构造组合核函数，并将这种遗传-组合核函数高斯过程回归算法引入反分析领域，并与遗传-支持向量回归算法和遗传-单一核函数高斯过程回归算法结果对比，以验证其在反分析领域的应用效果。

5.4.1 遗传-组合核函数高斯过程回归算法

1. 组合核函数（combined kernel，CK）

由于 ARD 型核函数其关联性测定超参数 ℓ 的维数与输入变量 X 的维数相同，对直接优化位移反分析来说，输入变量的维数较高，如果选用 ARD 型核函数，则高斯过程超参数是一个维数极高的向量，这既增加了超参数的多解性，又降低了计算效率，故本书的组合核函数采用两种 ISO 型单一核函数组合而成，即：

$$C_{\text{CKiso}}(x^i, x^j) = C_{\text{SEiso}}(x^i, x^j) + C_{\text{RQiso}}(x^i, x^j) \tag{5-19}$$

2. 遗传-组合核函数高斯过程回归算法步骤

本书引入十进制遗传算法替代共轭梯度法在样本训练过程中自动搜索组合核函数高斯过程最优超参数，形成遗传-组合核函数高斯过程回归（GA-CKGPR）算法，该算法步骤如下。

（1）将训练样本分为两部分，一部分作为 GA-CKGPR 模型的学习样本，另一部分作为检验 GA-CKGPR 模型泛化能力的测试样本。

（2）遗传算法初始化，随机生成种群规模为 Np 的 CKGPR 模型超参数初始群体，群体中每个个体决定了 1 个 CKGPR 模型，计数器记 $g=0$。

（3）CKGPR 算法读入学习样本和测试样本，同时读入初始群体中的各个体模型超参数，进行学习样本的训练，获取知识并同时对测试样本进行预测。

（4）测试样本各个体的预测结果交由式（5-20）所示的遗传算法适应函数计算每个个体的适应度：

$$g(x) = \exp\left\{-0.05\max\left[\frac{\left|f(x_i) - y_i\right|}{y_i} \times 100\%\right]\right\} \qquad (5-20)$$

式中： $f(x_i)$ ——训练时第 i 个测试样本的预测值；

  y_i ——训练时第 i 个测试样本的实测值。

（5）判断是否达到预先指定的进化代数，如达到，算法结束，返回当前适应度最高的个体，解码得到最优超参数；如未达到进化代数，进入下一步。

（6）选择算子，选择初始群体中适应度较高的个体，进行复制、杂交和变异操作，生成个体数为 Np 的 CKGPR 模型超参数的子代群体，计数器记 $g = g+1$ ；计算转入（3）。

（7）重复（3）～（6），直到达到指定的进化代数，算法结束，返回最优 CKGPR 模型超参数。

十进制遗传算法采用排队选择算子、算术杂交和非均匀变异，具体的遗传操作算子介绍详见文献[2]和文献[15]。遗传算法的种群规模为 20，杂交概率 0.9，变异概率 0.05，进化 1 000 代。

5.4.2 基于遗传−组合核函数高斯过程回归算法的北口隧道位移反分析

1. 北口隧道工程概况

张石高速公路化稍营至蔚县（张保界）段北口隧道为双向四车道分离式隧道，隧道长约为 1 600 m，线路穿越路段地貌单元主要为桑干河盆地的蔚县盆地区低山丘陵单元和蔚县南部中山区单元，隧址区属低中山地貌，山势陡峻，悬崖、沟谷发育，北口隧道地面高程在 1 100～1 556 m 之间，相对高差约为 456 m，最大埋深约为 343 m。隧址区属中朝准地台的五级构造单元蔚县向斜内，主要地质构造为进口至路线 K60+000 处背斜构造，走向约为 NE61°，与路线夹角约为 47°。北翼岩层倾向 NW327°，倾角为 27°～43°，南翼倾向 SE165°，倾角为 26°～35°。受该背斜影响，轴部岩体较破碎。隧址区无活动性构造，白云岩节理裂隙比较发育，多为高倾角，节理多为微张状，在隧道进出口段多呈微张～张开状。隧道进出口多为陡壁，垂直节理裂隙较发育，存在崩塌危险。北口隧道围岩分级表如表 5−17 所示。

表 5-17 北口隧道围岩分级表

线位	洞门桩号	隧道长度/m	累计长度/m				
			V级浅埋	V级深埋	IV级	III级	明洞
右线	TRK59+240~ TRK60+840	1 600	222	35	205	1 115	23
左线	TLK59+120~ TLK60+785	1 665	156	145	145	1 195	24

2. 训练样本的获取——数值试验

依据北口隧道平面等高线图,建立如图 5-4 所示的左线进口段三维数值计算模型,共划分 21 520 个单元,24 540 个节点。除地表为自由面外,限制模型每个边界的法向变形。由于没有地应力的实测资料,故垂直方向地应力取为上覆岩层自重,假设两个方向的水平地应力相等,都为垂直应力乘以水平侧压力系数。

隧道采用上、下台阶法施工,下台阶分左右段错挖,左边超前右边 15 m,上台阶超前左下段 15 m,开挖循环进尺为 1.5 m,初期支护紧跟掌子面。

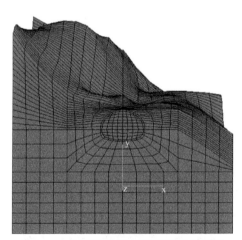

图 5-4 左线进口段三维数值计算模型

对岩体力学参数和水平侧压力系数应用均匀试验法设计 30 个试验方案,采用 FLAC3D 软件进行北口隧道左线进口段施工的三维数值模拟,考虑不同的掌子面与 LK59+150 监测面距离,从数值试验的结果中随机抽取掌子面与监测面距离分别为 6 m、7.5 m、9 m 的数值计算结果,组成供改进的 CKGPR

算法进行网络训练的 36 个学习样本和 5 个测试样本，分别如表 5-18、表 5-19 所示。

表 5-18　学习样本

E/GPa	c/MPa	φ/(°)	λ	μ	d/m	水平收敛/mm	拱顶下沉/mm
18.4	0.85	48	1.20	0.268	6.0	0.27	0.073
6.4	1.30	43	1.75	0.254	6.0	1.21	0.130
7.6	0.15	42	0.60	0.296	6.0	0.49	0.760
2.2	0.40	36	1.05	0.275	6.0	1.86	0.660
19.0	0.45	32	1.45	0.331	6.0	0.36	0.059
12.4	0.25	44	1.10	0.443	6.0	0.32	0.140
16.6	0.30	27	0.65	0.380	6.0	0.10	0.320
5.8	0.80	33	0.80	0.450	6.0	0.35	0.320
11.8	1.35	29	1.70	0.436	6.0	0.60	0.093
1.6	0.70	39	1.60	0.345	6.0	4.02	0.270
17.8	1.25	24	1.00	0.401	6.0	0.20	0.090
13.0	0.65	30	0.85	0.247	6.0	0.26	0.150
8.8	1.50	35	1.35	0.373	7.5	0.67	0.190
2.8	1.15	46	1.40	0.415	7.5	2.02	0.500
14.2	0.75	22	1.65	0.303	7.5	0.57	0.068
8.2	0.50	21	1.25	0.422	7.5	0.63	0.290
11.2	1.20	40	0.95	0.310	7.5	0.35	0.170
15.4	1.45	45	0.75	0.338	7.5	0.17	0.140
16.6	0.30	27	0.65	0.380	7.5	0.11	0.360
5.8	0.80	33	0.80	0.450	7.5	0.36	0.390
11.8	1.35	29	1.70	0.436	7.5	0.64	0.110
1.6	0.70	39	1.60	0.345	7.5	4.29	0.220
17.8	1.25	24	1.00	0.401	7.5	0.21	0.120
13.0	0.65	30	0.85	0.247	7.5	0.27	0.170
4.6	1.40	28	1.15	0.289	9.0	1.12	0.350
11.8	1.35	29	1.70	0.436	9.0	0.67	0.130
19.0	0.45	32	1.45	0.331	9.0	0.38	0.074

续表

E/GPa	c/MPa	$\varphi/(°)$	λ	μ	d/m	水平收敛/mm	拱顶下沉/mm
2.8	1.15	46	1.40	0.415	9.0	2.10	0.560
8.8	1.50	35	1.35	0.373	9.0	0.69	0.220
2.2	0.40	36	1.05	0.275	9.0	2.01	0.740
11.2	1.20	40	0.95	0.310	9.0	0.36	0.190
13.6	1.00	50	1.55	0.387	9.0	0.54	0.130
5.8	0.80	33	0.80	0.450	9.0	0.36	0.450
10.0	0.95	37	0.55	0.408	9.0	0.07	0.300
17.8	1.25	24	1.00	0.401	9.0	0.22	0.130
3.4	1.05	23	0.70	0.324	9.0	0.66	0.700

表5-19 测试样本

E/GPa	c/MPa	$\varphi/(°)$	λ	μ	d/m	水平收敛/mm	拱顶下沉/mm
13.6	1	50	1.55	0.387	6.0	0.48	0.096
4.6	1.4	28	1.15	0.289	6.0	1.02	0.27
3.4	1.05	23	0.70	0.324	7.5	0.67	0.62
6.4	1.3	43	1.75	0.254	9.0	1.37	0.16
5.2	0.55	49	0.90	0.366	9.0	0.65	0.41

注：表5-18、表5-19中 d 表示掌子面与监测面的距离。

3. 基于遗传-组合核函数高斯过程回归算法的北口隧道位移反分析

此处采用遗传-单一核函数高斯过程回归、遗传-组合核函数高斯过程回归和遗传-支持向量回归三种不同算法进行过程完全相同的位移反分析以形成对比。三种反演方法的遗传算法参数完全一样，高斯过程回归单一核函数为 ISO 型核函数，组合核函数采用表 5-20 水平收敛最优模型参数型核函数，σ_f，ℓ，α，σ_n 的搜索区间依次为[0，100]，[0，10]，[0，10]，[0，0.05]。SVR 采用 RBF 核函数，C，σ，ε 的搜索范围依次为[0，5 000]，[0，5 000]，[0，1]。由于标准的 GPR 和 SVR 算法其输出变量只能是一维变量，故本书对拱顶下沉和水平收敛分别进行位移反分析，即建立两个 GPR 和 SVR 模型，经网络训练，水平收敛、拱顶下沉的最优模型参数如表 5-20 和表 5-21 所示，待反演参数搜索范围如表 5-22 所示。

表 5-20 水平收敛的最优模型参数

算法	GPR													SVR		
核函数	SEiso			RQiso				CKiso（SEiso+RQiso）						RBF		
参数	σ_f	ℓ	σ_n	σ_f	ℓ	α	σ_n	$\sigma_f^{(SE)}$	$\ell^{(SE)}$	$\sigma_f^{(RQ)}$	$\ell^{(RQ)}$	α	σ_n	C	σ	ε
最优值	1.670	0.139	0.017	2.037	0.368	0.018	0.007 5	2.744 3	2.429 6	1.766 1	1.431 3	0.343 7	0.01	4 180	275.3	0

表 5-21 拱顶下沉的最优模型参数

算法	GPR													SVR		
核函数	SEiso			RQiso				CKiso（SEiso+RQiso）						RBF		
参数	σ_f	ℓ	σ_n	σ_f	ℓ	α	σ_n	$\sigma_f^{(SE)}$	$\ell^{(SE)}$	$\sigma_f^{(RQ)}$	$\ell^{(RQ)}$	α	σ_n	C	σ	ε
最优值	1.34	6.844	0.001	1.34	6.452	9.669	0.003 5	40.859	6.168	11.010	9.979	9.266	0.006 9	2 130.1	271	0

表 5-22 待反演参数搜索范围

参数	E/GPa	c/MPa	φ/(°)	λ	μ
范围	1.6～19	0.05～1.5	21～50	0.55～2	0.45～0.25

将掌子面与 LK59+150 监测断面距离 6 m 时的实测水平收敛与拱顶下沉输入表 5-20、表 5-21 所示的智能模型，进化 1 000 代，种群规模 20，遗传算法搜索得到的反演结果如表 5-23、表 5-24 所示。用表 5-23、表 5-24 所示的反演结果对后续开挖 LK59+150 监测断面上的水平收敛和拱顶下沉分别进行预测，结果如表 5-25、表 5-26 所示。

表 5-23　水平收敛反演结果　　　　　　　　　单位：mm

算法	E/GPa	c/MPa	φ/(°)	λ	μ
GA-SEGPR	8.535 4	0.390 9	40.912 0	1.867 5	0.424 4
GA-RQGPR	4.134 0	0.726 1	23.014 5	1.366 8	0.420 9
GA-CKGPR	2.470 4	1.378 1	31.804 2	0.551 9	0.443 5
GA-SVR	4.500 3	1.235 7	31.388 8	0.762 8	0.436 8

表 5-24　拱顶下沉反演结果　　　　　　　　　单位：mm

算法	E/GPa	c/MPa	φ/(°)	λ	μ
GA-SEGPR	7.422 9	0.792 7	37.106 3	1.508 2	0.410 2
GA-RQGPR	1.640 9	0.136 6	45.402 6	0.584 5	0.396 5
GA-CKGPR	1.613 6	0.571 3	31.517 9	0.646 5	0.371 0
GA-SVR	1.600 0	0.050 0	21.000 0	0.550 0	0.450 0

表 5-25　反演结果预测后续开挖 LK59+150 监测断面水平收敛

掌子面与监测面距离/m	实测水平收敛/mm	GPR 预测水平收敛/mm			SVR 预测水平收敛/mm	GPR 预测相对误差/%			SVR 预测相对误差/%
		SEiso	RQiso	CKiso		SEiso	RQiso	CKiso	
6	0.67	0.67	0.67	0.67	0.67	0	0	0	0
7.5	0.73	0.75	0.70	0.70	0.68	2.74	4.11	4.11	6.85
9	0.78	0.82	0.73	0.75	0.69	5.13	6.41	3.85	11.54

表 5-26　反演结果预测后续开挖 LK59+150 监测断面拱顶下沉

掌子面与监测面距离/m	实测拱顶下沉/mm	GPR 预测拱顶下沉/mm			SVR 预测拱顶下沉/mm	GPR 预测相对误差/%			SVR 预测相对误差/%
		SEiso	RQiso	CKiso		SEiso	RQiso	CKiso	
6	0.50	0.50	0.50	0.50	0.50	0	0	0	0
7.5	0.63	0.54	0.56	0.64	0.52	14.29	11.11	1.59	17.46
9	0.77	0.58	0.58	0.69	0.54	24.68	24.68	10.39	29.87

4. 反演结果分析

从表 5-25 所示的后续开挖水平收敛预测结果来看，3 种 GPR 算法预测精度都要高于 SVR 算法，尤其是 CKGPR 算法，其对连续两个开挖步的最大变形预测误差仅为 4.11%，单一核函数 GPR 的最大预测误差为 6.41%，相比较 SVR 的预测误差已达到 11.54%。从表 5-26 也可看出类似的情况，对拱顶下沉的预测 CKGPR 算法仍然优于单一核函数 GPR 和 SVR 算法，其对连续两个开挖步的变形预测误差仅为 10.39%，而单一核函数 GPR 和 SVR 算法的变形最大预测误差分别达到 24.68% 和 29.87%，CKGPR 的预测误差仍然是最小的，这也说明本书提出的 CKGPR 算法的反演效果是最好的。

通过在程序中定义时钟函数对计算时间进行监测，不同算法在样本训练和反演阶段计算耗时如表 5-27、表 5-28 所示。（酷睿双核 1.83 GHz，内存 1 GB 的 ThinkPad 笔记本电脑）。

表 5-27　样本训练阶段计算耗时对比　　　　单位：s

项目	算法			
	SEiso	RQiso	CKiso	SVR
水平收敛	101.837	127.976	147.560	1 563.602
拱顶下沉	102.299 9	129.203	148.494	1 668.360

表 5-28　反演阶段计算耗时对比　　　　单位：s

项目	算法			
	SEiso	RQiso	CKiso	SVR
水平收敛	86.586	111.987	127.756	1 355.132
拱顶下沉	89.698	113.168	145.936	1 393.441

从表 5-27、表 5-28 中可以看出，无论是样本训练阶段，还是反演阶段，SVR 的计算时间都是 GPR 的十几倍，而随着超参数个数的增加，GPR 的计算时间也相应延长，组合核函数高斯过程回归（CKiso）虽然计算时间比单一核函数高斯过程回归（SEiso 和 RQiso）计算时间都长，但最长不到 150 s，完全满足工程上的需要，且其显著提高了反演精度。

5. 结论

（1）将高斯过程回归算法引入岩土工程计算模型的参数辨识不但可行，而且与支持向量回归算法相比，辨识精度有所提高。

（2）将单一各向同性（ISO）核函数相加，构造组合核函数，不但避免了 ARD 型核函数组合带来的超参数过多的问题，而且显著改善了单一核函数高斯过程的泛化性能。

（3）将遗传算法与组合各向同性核函数高斯过程回归算法相耦合进行岩土工程数值计算模型参数的反演可以获得较遗传-支持向量回归算法和遗传-单一核函数高斯过程回归算法更精确的反演结果，北口隧道的应用结果证实了这一点。

6

人工智能技术在岩土工程中的
综合应用——公路隧道施工
智能辅助决策系统的开发

6.1　隧道施工监测信息管理及反馈系统研究

6.1.1　系统功能与总体设计[24-28]

对于软件系统来讲，为了保证软件产品的质量，并使开发工作能顺利进行，必须为编程制定一个周密的计划，这项工作就称为总体设计。

针对目前国内隧道新奥法施工及其监控量测方法进行系统的需求分析，得出系统需要实现的功能如下。

（1）用户界面友好，表单设计简单实用，采用 Windows 平台的命令按钮进行操作，采用方便灵活的下拉式菜单实现系统的菜单结构。

（2）按地表沉降、周边位移、拱顶下沉、锚杆内力、接触压力、衬砌应力、钢支撑内力、围岩内部位移等不同量测项目方便地输入现场监控量测数据，同时输入量测日期、监测面与掌子面距离等工程数据，能够自动完成数据之间的转换计算，并以表格、图形等多种形式显示。

（3）数据库中能够添加新的量测数据，并能按项目索引查询数据，修改和删除输入有误的数据。

（4）根据录入的监测数据自动生成围岩变形时空效应曲线，并对其进行快速回归分析；通过围岩与初期支护接触压力的监测数据进行荷载-结构法有限元分析，判断初期支护安全；通过围岩变形监测数据的学习训练进行围岩变形超前预报。

（5）系统自动生成周报表和量测成果表两种形式的监测分析报表。

（6）整合现行《公路隧道施工技术规范》和《公路隧道设计细则》，建立分析与预测专家库，按照监测数据的分析与反馈结果，直接生成下一步施工指导意见。

将系统总体设计建立在需求分析的基础上是完全必要的，这样可以保证站在全局高度上，花费较少成本，从较抽象的层次上分析对比多种可能的系统实现方案，并从中选出最佳方案和最合理的软件结构。

总体设计采用结构化设计法。对于该监测系统而言，从结构上划分，系统总体设计包括系统数据库设计、系统后台主体程序设计及系统界面设计三部分；而从系统功能上划分，系统由监测数据录入与存储、时态曲线图、回归分析、分析与预测专家库、围岩变形超前预报、报表生成及打印 6 个功能模块组成。系统总体设计图如图 6-1 所示。

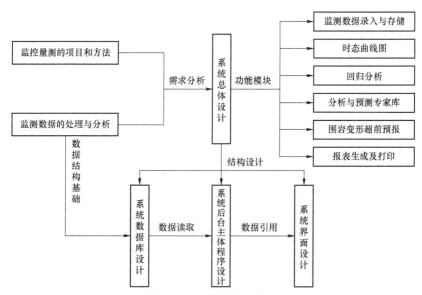

图 6-1　系统总体设计图

6.1.2 监测信息管理系统设计[29-30]

隧道施工监测信息管理系统主体框架采用 Java 语言编写，数据的存储与管理采用 Windows 系统下的 Access 数据库技术，并通过 Java 语言中的数据库接口连接两者以完成整个系统的开发。

隧道施工监测信息管理系统的结构设计包括三部分：系统数据库设计、系统后台主体程序设计和系统界面设计。系统数据库主要存放监测项目的基本信息和监测数据，系统后台主体程序完成监测数据的存储、计算和分析处理，系统界面是完成与用户的交互操作界面。通过对 Access 数据库的结构和行为设计，完成系统数据库的开发设计。系统后台主体程序设计和系统界面设计均由 Java 语言编码完成，主要区别为两者调用的类库不同，完成的功能有所区别。

隧道施工监测信息管理系统包括以下 7 个功能模块[31-32]。

（1）监测数据的录入。

（2）监测数据的存储。

（3）监测数据时态曲线图。

（4）监测数据的回归分析。

（5）分析与预测专家库。

（6）围岩变形超前预报。

（7）报表生成及打印。

每个功能模块均涉及上述三部分系统结构设计中的一个或多个方面。两者的关系为系统功能模块决定系统结构设计，而系统结构设计则是实现系统各功能模块。采用面向对象的程序设计语言（Java 语言）作为系统主体程序开发工具。比如监测断面可以抽象为一个类，而桩号为 K280+300 的监测断面就是类的一个对象。图 6-2 为系统结构框架图。其中，监测信息包主要由现实世界中监测项目的运作流程抽象而成，包括对隧道信息的抽象（tunnel 类）、对监测断面的抽象（section 类）等；回归分析包、分析预测包、图表工具包、报表包和 Excel 包，包含不同的程序源文件，是完成相应功能的类的集合；图形界面包则是创建图形用户界面的类库，实现用户信息操作及输出结果信息等，构建友好的人机交互界面。

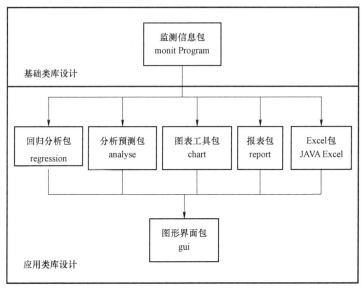

图 6-2　系统结构框架图

以面向对象的思维模式进行系统主体程序的编码设计。模式就是一种解决问题思路的抽象，它适用于很多环境。与此类似，对于某类软件设计问题的可重用解决方案一般就是程序的设计模式，为了充分利用已有的软件开发经验，有必要将设计模式引入软件设计和开发过程。在设计过程中可使用单例模式、适配器模式、组合模式、策略模式等面向对象的设计模式。模式的组合运用可充分发挥面向对象的多态性，并不断深化我们的设计，最终能得到庞大而复杂，但易于维护和扩展的设计。同时，模式与接口的结合设计将使程序能比较容易地实现功能扩展和二次开发。

6.1.3　系统数据库设计[29-30]

为了存放施工监测过程中采集的数据，需要使用数据库。系统数据库设计的任务是在 DBMS 的支持下，按照监测系统的要求，为监测系统设计一个结构合理、使用方便、效率较高的数据库及其应用系统。系统数据库设计采用规范设计法中的新奥尔良方法。

系统数据库主要用于存储监测项目的基本信息和监测数据，通过对数库的结构和行为分析,采用 Access 数据库开发设计。数据以二维表的集合形式存放于 Access 数据库中,表是一组行和列,行称为记录,而列则称为字段,表的操作包括处理当前存储于表中的信息,定制已有的表或者创建自己定制的表来存储数据,表与表之间通过相关字段进行连接的数据库逻辑结构如图 6-3 所示。图中列出了主要的数据表及其结构,分别用来记录和存储对应的数据信息。

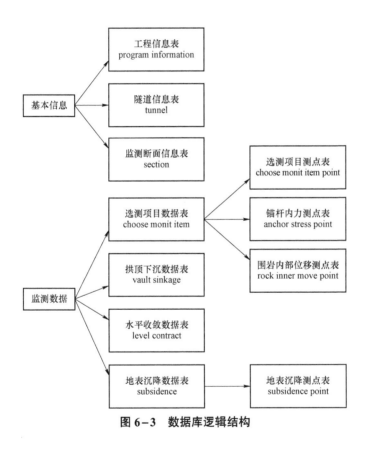

图 6-3 数据库逻辑结构

6.1.4 系统界面设计

一个友好的系统界面是优秀软件系统必须具备的。对于系统界面的设计,应该满足方便、高效、提供足够的信息量等特点,界面的人性化是设计的重点。

系统界面设计采用面向对象程序设计方法中的 MVC 模式来进行。系统主界面由菜单栏与工具栏、树形项目管理器、主窗口三部分组成，如图 6-4 所示。主窗口包括数据显示窗口和数据录入窗口，前者能够提供不同的视图，例如，水平收敛界面就提供数据显示、时空曲线图、回归分析、分析与预测、报表 5 个视图，这些视图充分反映了水平收敛的发展与变化趋势。

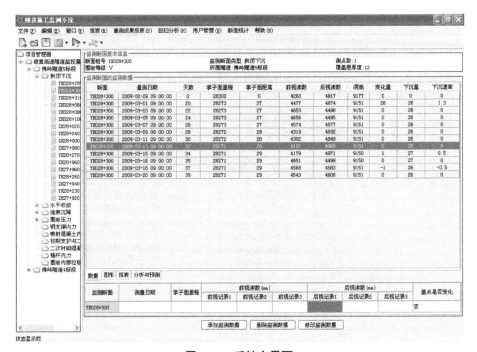

图 6-4 系统主界面

系统界面设计的全部工作都在图形界面包中实现，主界面的布局设计是 MainJFrame 类，图形界面包下还有不同的子包完成各个控件的设计工作。viewPanelUI 包是主显示窗口设计包，设计生成主显示窗口，包含 11 个类文件，能够针对不同的监测项目和信息需求显示不同的视图模式。treeUI 包主要用于定制一个树形资源管理器，包含 7 个类文件，对隧道工程和监测断面信息等进行管理和显示。event 包是事件控制包，有 3 个类文件能够针对不同的事件响应给出响应的消息提示。buttonUI 包用来定制不同形式的按钮，供界面设计使用，包含 6 个类文件。tableUI 包有 74 个类文件，用于为不同的监测项目设计不同的表格形式，并在界面设计中显示和输入数据、实现报表等。

6.1.5 系统后台主体程序设计[26-28]

系统后台主体程序设计主要进行数据的分析处理、事件的响应，以及输入输出管理等所有的计算机指令，是软件系统运行的主体部分。以 Java 语言为基础，采用面向对象的程序设计方法进行系统后台主体程序设计。

6.2 监测数据回归分析与反馈[31-36]

现场量测所得的原始数据具有一定的离散性，它包含着偶然误差的影响，不经过数学处理是难以利用的，通常的做法是进行回归分析，一般采用负指数函数、双曲线函数、指数函数和对数函数回归，对应的回归方程为：

$$u = a\left(1 - e^{-bt}\right) \tag{6-1}$$

$$u = \frac{t}{a + bt} \tag{6-2}$$

$$u = ae^{bt-1} \tag{6-3}$$

$$u = a\lg\left(1 + t\right) \tag{6-4}$$

式中：u ——围岩变形（拱顶下沉、水平收敛或地表沉降），mm；

a，b——回归系数。

回归函数皆为非线性函数，常规方法是根据最小二乘法原理迭代求解。最小二乘法是一种梯度下降优化算法，具有收敛快、计算效率高的优点，但其存在迭代初值依赖性强、易振荡的缺陷，如果初值选择失误，迭代陷入无限循环，此时监测数据无法回归。以佛岭隧道 5 标段 ZK28＋100 断面为例，佛岭隧道 ZK28＋100 断面拱顶下沉监测数据如图 6-5 所示。

断面	最测日期	天数	掌子面里程	掌子面距离	前视读数	后视读数	视高	变化量	下沉量	下沉速率
ZK028+100	2009-02-03 09:00:00	0	28100	0	4903	4898	9801			
ZK028+100	2009-03-01 09:00:00	26	28050	50	4920	4861	9781	20	20	0.77
ZK028+100	2009-03-03 09:00:00	28	28048	52	4950	4831	9781	0	20	0
ZK028+100	2009-03-05 09:00:00	30	28046	54	4870	4911	9781	0	20	0
ZK028+100	2009-03-07 09:00:00	32	28044	56	4947	4834	9781	0	20	0
ZK028+100	2009-03-09 09:00:00	34	28040	60	4883	4898	9781	0	20	0
ZK028+100	2009-03-11 09:00:00	36	28036	64	4856	4925	9781	0	20	0
ZK028+100	2009-03-13 09:00:00	38	28032	68	4912	4869	9781	0	20	0
ZK028+100	2009-03-15 09:00:00	40	28029	72	4874	4907	9781	0	20	0
ZK028+100	2009-03-17 09:00:00	42	29014	86	4843	4937	9780	1	21	0.5
ZK028+100	2009-03-18 09:00:00	43	28012	88	4792	4988	9780	0	21	0
ZK028+100	2009-03-19 09:00:00	44	28008	90	4858	4924	9780	0	21	0
ZK028+100	2009-03-20 09:00:00	45	28008	92	4839	4942	9781	-1	20	-1

图 6-5　佛岭隧道 ZK28+100 断面拱顶下沉监测数据

佛岭隧道 ZK28+100 断面拱顶下沉数据的最小二乘法回归结果如图 6-6 所示。为了解决最小二乘法的问题，另行开发粒子群优化算法（PSOA）回归模块。

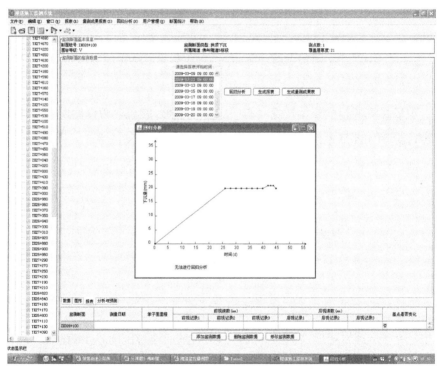

图 6-6　佛岭隧道 ZK28+100 断面拱顶下沉数据的最小二乘法回归结果

6.2.1　监测数据的 PSOA 回归分析[37-40]

PSOA 回归分析功能模块采用的计算函数为公路隧道监控量测数据处理中最常用的负指数函数，粒子参数为负指数函数中的变量 a，b。

以误差平方和作为适应函数：

$$f = \sum_i (u - u_i)^2 = \sum_i \left[a\left(1 - e^{-bt_i}\right) - u_i \right]^2 \qquad (6-5)$$

式中：u_i——第 i 天实测围岩拱顶下沉或水平收敛。

　　将其应用于粒子群优化算法，并以单个粒子 P 为例。变量 P_a，P_b 分别代表负指数函数中变量 a，b 的当前位置，$P.v\_a$，$P.v\_b$ 代表参数的优化速度，$P.f$ 为粒子的适应度值，$P.start\_a$，$P.start\_b$ 记录局部最优时的参数值，$P.pBest$ 则为局部最优时的输出值。若是有多个粒子 P_1，P_2，$\cdots$，P_n，则只在重复循环每个粒子的参数初始化和函数计算的过程，并记录全局最优值 $P.gBest$，其他流程与单粒子的回归分析计算过程基本相同。需要注意的是，在每个计算循环之前，要更新粒子速度和位置，即 $P.v\_a$，$P.v\_b$ 和 P_a，P_b。以指定的最大迭代次数作为计算结束条件，监测数据 PSOA 回归分析流程图如图 6-7 所示。

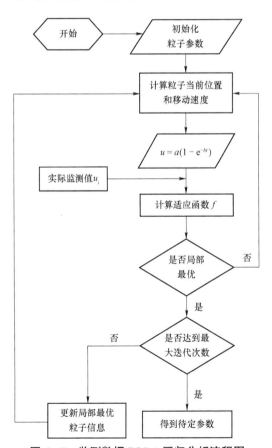

图 6-7　监测数据 PSOA 回归分析流程图

6.2.2 监测数据的 PSOA 回归分析实例

佛岭隧道 5 标段 ZK28+100 断面的监测数据采用常规的最小二乘法无法回归。采用 PSOA 回归过程和结果如下：

$$u = 20.550\,7 \times (1 - e^{-0.123\,8t}) \tag{6-6}$$

佛岭隧道 ZK28+100 断面拱顶下沉监测数据 PSOA 回归分析曲线如图 6-8 所示。

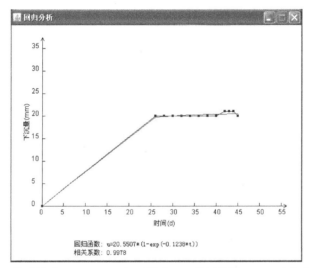

图 6-8 佛岭隧道 ZK28+100 断面拱顶下沉监测数据 PSOA 回归分析曲线

6.2.3 回归函数的选择

程序提供了负指数、双曲线、对数和指数函数 4 种函数形式拟合围岩变形-时程的变化规律，使用时用户可以根据不同函数回归的相关系数值来选择最适宜的围岩变形-时程函数，即选取回归相关系数最大的函数形式作为最终描述围岩变形-时程的函数。下面以佛岭隧道 ZK27+420 断面拱顶下沉监测数据回归曲线为例加以说明。

由图 6-9 可知，4 种不同回归函数对应的相关系数分别为 0.996 5、0.996 9、0.975 4 和 0.982 4，故该断面围岩变形-时程最佳回归函数应为负指数函数或双曲线函数。

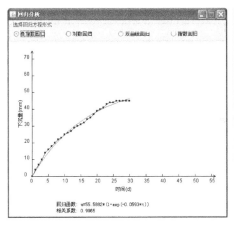

(a) 负指数函数回归

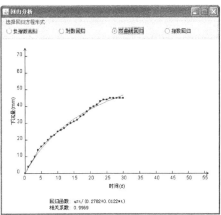

(b) 双曲线函数回归

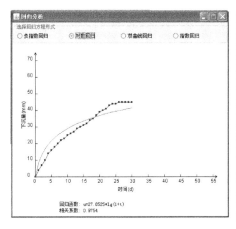

(c) 对数函数回归

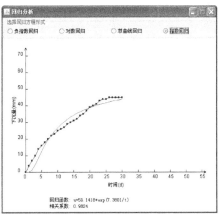

(d) 指数函数回归

图 6-9 佛岭隧道 ZK27+420 断面拱顶下沉监测数据回归曲线

6.2.4 包含丢失位移的监测数据回归[5]

以负指数函数回归为例，现有的处理方法均将第一次位移监测（初测）的时间作为式（6-1）给出的回归曲线的起始点，即 $u=0, t=0$ 。但在实际工程中，由于受到施工因素的影响，隧道爆破开挖后并不能立即布置位移监测点，因此，布置位移监测点后的第一次位移测量通常会滞后于隧道开挖一段时间，实际上此时该监测断面上已经产生了一定的位移。所以将第一次监测时刻作为回归曲线的起始点是不合理的。正确的做法是将隧道开挖时作为回归曲线的起始点，考虑开挖至位移初测时刻间的滞后期，并得到新的回归函数和回归曲线。

图6-10为测量位移值与时间关系及回归曲线示意图。

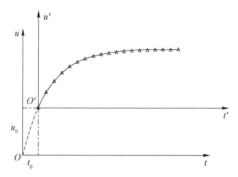

图6-10 测量位移值与时间关系及回归曲线示意图

其中，O点表示开挖完成时的位移为0，O'点为首次测量时的时间t_0与位移u_0，t_0已知，而u_0未知。位移量测值u'与位移实际值u及相对应的时间满足如下关系：

$$u = u' + u_0 \tag{6-7}$$

$$t = t' + t_0 \tag{6-8}$$

由于u_0未知，因此不能直接根据监测数据进行负指数函数回归得到待定系数a，b。

考虑到O'经过回归曲线，因此有：

$$u_0 = a\left(1 - \mathrm{e}^{-bt_0}\right) \tag{6-9}$$

将式（6-7）、式（6-8）和式（6-9）代入式（6-1），得到：

$$u' = a\mathrm{e}^{-bt_0}\left(1 - \mathrm{e}^{-bt'}\right) \tag{6-10}$$

令：

$$a' = a\mathrm{e}^{-bt_0} \tag{6-11}$$

$$b' = b \tag{6-12}$$

则式（6-10）表示为：

$$u' = a'\left(1 - \mathrm{e}^{-bt'}\right) \tag{6-13}$$

可见，在局部坐标系$u'-t'$下的负指数回归函数与整体坐标系下的回归函数类型一致。而局部坐标系 $u'-t'$ 下的位移值为量测值，量测时间已知，因此可以直接采用 PSOA 进行回归，得到待定系数 $a'，b'$，然后根据式（6-11）和式（6-12）计算求出系数 $a，b$，或者将式（6-7）和式（6-8）代入式（6-13），得到负指数回归函数的另一种表示形式：

$$u = a'\left[1 - e^{-b'(t-t_0)}\right] + a'\left(e^{b't_0} - 1\right) \tag{6-14}$$

本模块采用后一种方法。仍以佛岭隧道 ZK27+420 断面拱顶下沉为例，假定初测时间为该断面开挖后 3 天，则考虑丢失位移以后的实际位移值与时间的负指数回归曲线如图 6-11 所示。

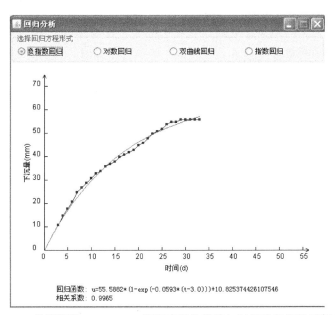

图 6-11　佛岭隧道 ZK27+420 断面实际位移值与时间的负指数回归曲线

由图 6-11 可知，如果把初测前 3 天丢失的位移考虑在内，则该断面实际发生的拱顶下沉比不考虑丢失位移要大约 10.83 mm，这真实地反映了开挖后围岩的位移变化。

6.2.5　围岩稳定性判断准则[41]

1. 经验性围岩稳定性判断准则

本程序采用经验性围岩稳定性判断准则（以负指数函数回归为例）。

（1）变形加速度小于零，即：

$$Q = \frac{\mathrm{d}^2 u}{\mathrm{d}t^2} = -ab^2 \mathrm{e}^{-bt} < 0 \qquad (6-15)$$

（2）变形速率满足特定条件。

水平收敛变形速率＜0.2 mm/d，拱顶下沉变形速率＜0.15 mm/d。

（3）累计（最大）变形量/预计最终变形量≥80%，即：

$$\frac{u_{\max}}{u_{\infty}} \geqslant 0.8 \qquad (6-16)$$

式中，$u_{\max}$ 和 u_{∞} 分别表示累计（最大）变形量和预计最终变形量。

2. 允许位移稳定性判断准则

依据《公路隧道设计细则》中表 9.2.8 "允许洞周水平相对收敛值（%）"的规定，当围岩累计（最大）变形量小于允许位移时，判断围岩安全稳定，即：

$$u_{\max} \leqslant u_0 \qquad (6-17)$$

式中，$u_{\max}$ 和 u_0 分别表示围岩累计（最大）变形量和允许变形量。

只有在这两个准则同时满足的前提下，方可判定隧道施工围岩变形不但稳定，而且安全。

6.3 基于 PSO-BP 神经网络耦合算法的围岩变形超前预报[42-43]

施工监测是新奥法的精髓和灵魂，设计变更和衬砌施作时机的选择离不开监测数据的反馈分析。对监测围岩变形进行分析，摸索围岩变形发展的时空规律，才能对后续位移发展趋势做出预测，以保证隧道施工安全和工程质量。

岩体被大量节理裂隙切割成不规则、不连续的非均质体，同时又赋存于同样极其复杂的地质环境中，这些因素导致隧道在施工过程中存在许多不确定性因素，这使得传统的指数回归法、时间序列分析及灰色系统法在处理隧道施工期带有复杂非线性特征的围岩位移时间序列时遇到了极大的困难。

BP 神经网络具有强大的自学习、自适应和非线性映射能力，可以用来构建具有强非线性关系的围岩时程变形模型，实践证明将其应用于岩土工程围岩变形预测之中可以取得优于其他确定性方法的结果。为了确定最优的 BP 神经网络拓扑结构，采用粒子群优化算法对 BP 神经网络连接权值进行最优化搜索，充分提高网络的泛化能力并发挥其强非线性映射的能力，以得到泛化性能最优的 BP 神经网络参数模型，建立起隧道施工期围岩变形-时间的非线性映射关系，并对隧道后续施工位移做出预测。

在 3.3 节中已对 PSO-BP 神经网络耦合算法有详尽介绍，在此不再赘述！

以佛岭隧道 5 标段 YK27+920 断面的拱顶下沉监测数据为例。PSO-BP 神经网络耦合模型位移超前预报程序界面及结果如图 6-12 所示。该断面拱顶下沉 PSOA 回归分析结果如图 6-13 所示。

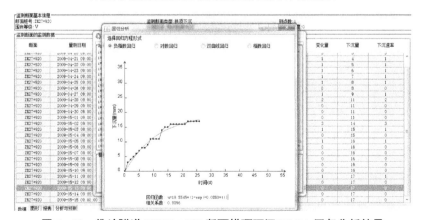

**图 6-12 佛岭隧道 YK27+920 断面拱顶下沉 PSO-BP
神经网络耦合模型位移超前预报程序界面及结果**

图 6-13 佛岭隧道 YK27+920 断面拱顶下沉 PSOA 回归分析结果

采用 PSO-BP 神经网络耦合算法位移超前预报预测第 30 天的位移结果为

17.24 mm，而采用 PSOA 回归分析预测第 30 天的位移结果为 18.16 mm，结合监测数据可以看出，PSO-BP 神经网络耦合算法的变形预测精度高于 PSOA 回归分析预测精度，可以更好地应用于围岩安全稳定的超前判断。

6.4 基于围岩压力监测数据的初支稳定性分析

公路隧道施工中的监控量测数据必须通过量化分析或经验比对，才能反映施工过程中所遇到的问题。目前，对于拱顶下沉或水平收敛等必测项目，《公路隧道施工技术规范》给出了明确的监测数据处理与应用的方法。而围岩压力等选测项目，还没有比较完善的针对监测数据分析和处理的手段。常见的处理方式是将物理量（比如内力）与设计强度相比较得出安全系数，以此来判断结构的稳定性。该方法的缺点如下。

（1）物理量的设计强度难以确定。

（2）无法反映结构在未设置监测点位置处的受力情况和稳定性。

为了解决这两个问题，以有限单元法为基本原理，采用荷载–结构模式，编程计算隧道支护结构的内力，由此计算结构中的应力值，并将应力最大值与支护混凝土的抗压强度比较，判断支护结构的稳定性，完善了对于选测项目的监测数据分析与反馈模块。

6.4.1 有限元分析基本原理[44]

有限单元法的基本思路如下。

首先，将弹性连续体进行离散化，分割成有限的小块体（即单元），让它们只在指定点（即节点）处互相连接，用这种离散结构代替原来的连续结构。其次，对每个单元选择一个简单函数来近似表示其位移（或内力）规律，根据变分原理建立单元节点力与节点位移之间的关系。最后，进行单元集成，得到一组描述节点力和位移关系的代数方程组，求解该代数方程组就可以获得各节点位移和各单元的应力或内力。只要单元划分得足够多，就可以将这个离散结构的解作为连续体的解。

以上述思路为基本原理，对隧道的支护结构进行简化分析。沿隧道轴向，在支护结构上取出单位厚度的薄片结构为研究对象（支护结构轮廓简化为一个圆弧）。采用杆单元来划分该结构，实现结构的离散化。杆单元均采用弹性本构方程。在支护的拱脚处采用固定约束，作为边界条件。

外部荷载根据监测数据得出。荷载采用线性分布荷载，测点位置处荷载大小为监测值，在非测点位置处分布荷载大小采用线性内插法求得。隧道初期支护结构简化模型如图 6–14 所示。

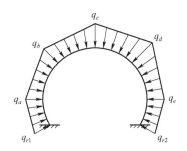

图 6–14　隧道初期支护结构简化模型

6.4.2　有限元分析程序设计[44–45]

利用有限单元法对隧道支护结构进行简化分析与求解，离散后的单元比较多，有限元法的计算量巨大，通常采用计算机编程求解。有限元分析功能模块的程序设计过程就是将数学语言转换为计算机语言求解输出的过程。

根据面向对象的程序设计原则，有限元分析程序设计了 3 个类，分别是 FiniteElement 类、FEMAnalyse 类和 FEMChart 类。FiniteElement 类是对离散单元的抽象，主要存储单元的节点编号、节点坐标、抗弯刚度、抗压刚度、刚度矩阵、外部荷载等基本信息，并在有限元分析计算结束后存储单元的节点位移和单元内力等。FEMAnalyse 类是对有限单元计算方法的抽象，主要功能是将结构离散，初始化单元信息，将单元从局部坐标转换为整体坐标，并集装结构的原始刚度矩阵，利用"化零置一"法实现边界条件，构造结构的刚度方程并求解结构各单元的节点位移和内力。FEMChart 类主要功能是在有限元法分析计算完成后，将计算结果以结构内力图的形式输出。

6.4.3　佛岭隧道围岩压力监测有限元分析实例

以佛岭隧道 ZK25+850 断面的围岩压力监测为例。佛岭隧道 ZK25+850

断面围岩压力监测数据曲线图如图 6-15 所示。

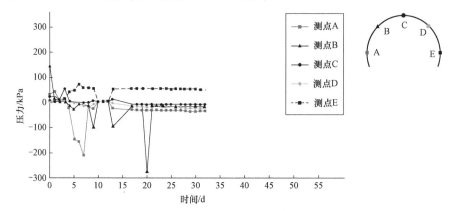

图 6-15 佛岭隧道 ZK25+850 断面围岩压力监测数据曲线图

根据程序的有限元分析功能模块计算之后，绘制输出内力图、弯矩图、轴力图、剪力图分别如图 6-16～图 6-19 所示。

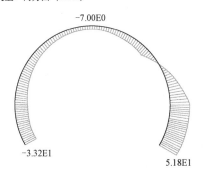

类型：内力图（kN/m）

-7.00E0

-3.32E1

5.18E1

图 6-16 佛岭隧道 ZK25+850 断面初期支护结构内力图

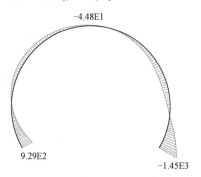

类型：弯矩图[(kN·m)/m]

-4.48E1

9.29E2

-1.45E3

图 6-17 佛岭隧道 ZK25+850 断面初期支护结构弯矩图

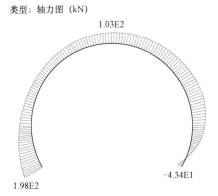

图 6-18　佛岭隧道 ZK25+850 断面初期支护结构轴力图

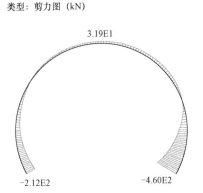

图 6-19　佛岭隧道 ZK25+850 断面初期支护结构剪力图

由此得到有限元分析的结论。

　　分析：初期支护采用 C25 混凝土，厚度为 0.2 m。采用有限元法分析计算，求得初期支护中混凝土最大正应力为 4.68 MPa，小于混凝土抗压强度 13.5 MPa，初期支护结构处于安全状态。

　　结论：初期支护中混凝土最大正应力小于其设计强度，围岩基本处于稳定状态。

6.5　监测数据分析与管理系统应用实例

监测数据分析与管理系统可以分为 5 个功能模块：监测数据录入与存储、回归分析、时态曲线图、报表功能、分析与预测专家库。

6.5.1　监测数据录入与存储

监测信息可以分为监测项目基本信息和监测数据两类。监测项目基本信息包括工程信息、隧道信息和监测断面信息等。对于选定的工程，界面主窗口的下方将出现【添加隧道】【删除隧道】【修改隧道信息】3 个按钮，单击【添加隧道】按钮会弹出【隧道添加】窗口，按要求输入后单击【添加隧道】按钮，隧道将自动存储至数据库中，如需修改，单击【修改隧道信息】，弹出【修改隧道】窗口，如图 6-20 所示。添加监测断面的方式和添加隧道类似，但在添加监测断面时，必须在已有的监测项目选项中选择正确的监测项目，如图 6-21 所示。

图 6-20　隧道添加、修改及删除窗口

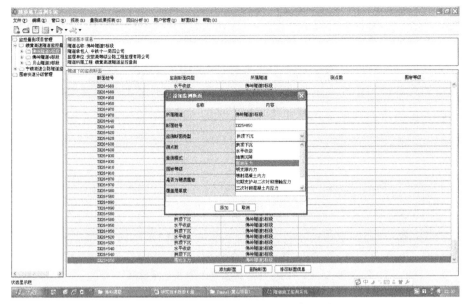

图6-21 监测断面添加、删除及修改窗口

不同监测项目的监测数据录入方式稍微有些差别。图6-22为拱顶下沉监测数据录入界面。值得注意的是，对于选测项目而言，根据所使用监测仪器的不同，本程序设计有两套子系统。第一套在添加选测项目的监测断面

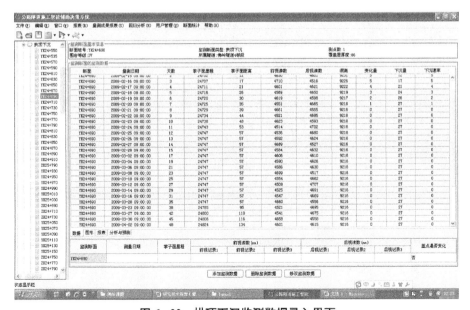

图6-22 拱顶下沉监测数据录入界面

时，需要设定频率计的标定系数和初始频率，这两个数据是关系到之后所有监测数据的结果的，没有特殊情况，强烈建议不要修改这两个数据。第二套在添加选测项目的监测断面时，不需要设定频率计的标定系数和初始频率，直接输入各物理量的测试数据即可。根据所采用的传感器数据读取方式进行选择，围岩压力数据录入模式选择界面如图 6-23 所示。此处介绍第一套子系统。围岩压力数据录入界面如图 6-24 所示。

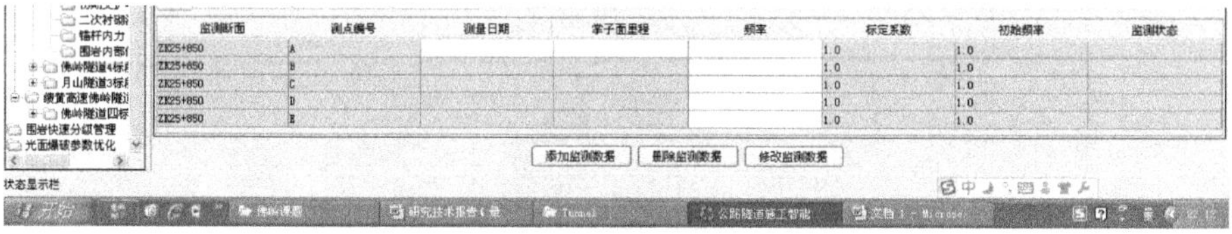

图 6-23　围岩压力数据录入模式选择界面

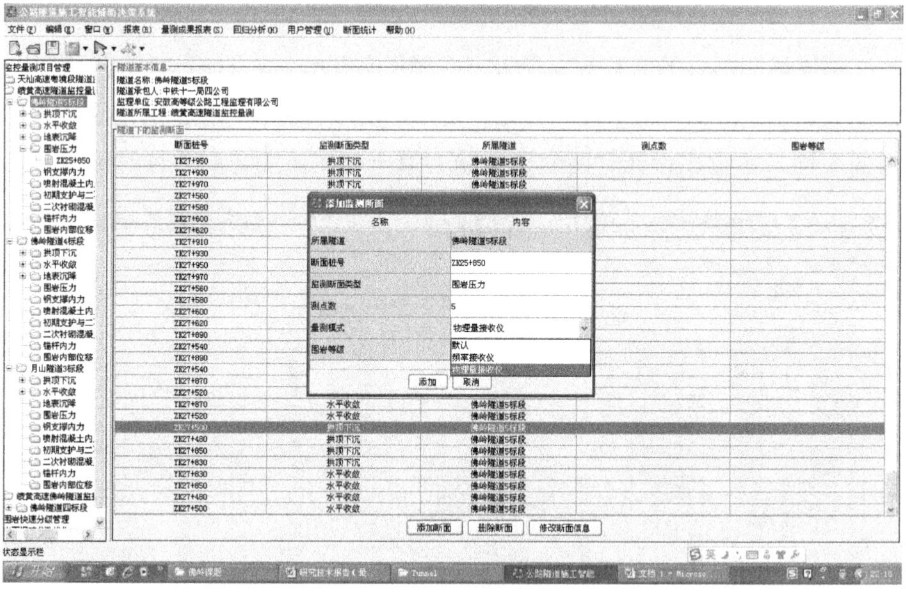

图 6-24　围岩压力数据录入界面

监测数据录入与存储功能模块也包含了监测数据的显示。在界面的主窗口，提供了多个显示视图，默认的视图为数据显示窗口，也就是将数据通过表格的形式显示出来。

6.5.2 监测数据回归分析

在所有的监测项目中，只有拱顶下沉和水平收敛需要进行回归分析。回归分析功能可以在菜单栏或工具栏中实现，也可以在显示窗口的报表视图中单击【回归分析】按钮，系统将自动弹出回归分析的曲线图及回归函数。图 6-25 所示为拱顶下沉测试数据，选择【回归分析】｜【指数回归】，可得图 6-26 所示的监测数据回归分析曲线，并给出回归函数和相关系数。

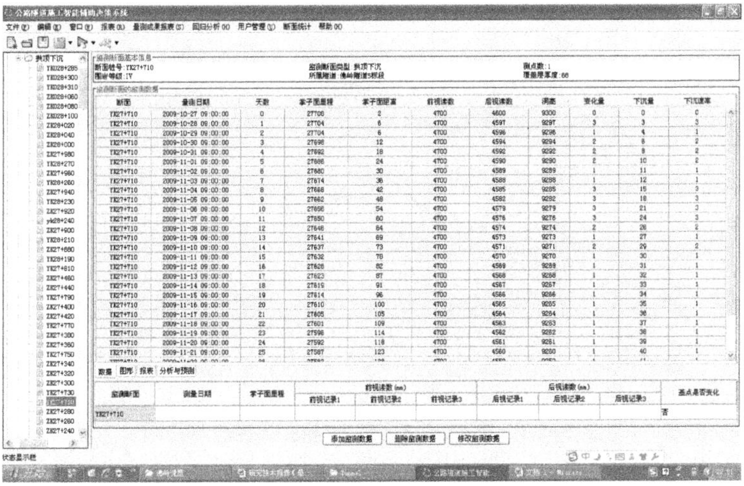

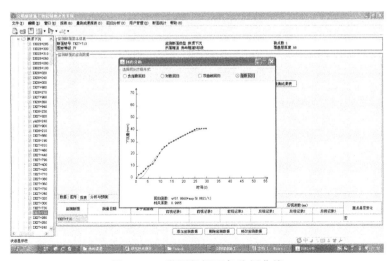

图 6-25　拱顶下沉监测数据

图 6-26　监测数据回归分析曲线

6.5.3 监测数据时态曲线图

为了直观显示各监测数据的时空变化趋势，在主窗口视图中提供了"图形"视图，选中该选项卡，就会在主窗口中显示监测物理量的时态变化曲线和空间变化曲线。图 6-27 和图 6-28 分别为围岩拱顶下沉监测数据和初期支护钢拱架内力的时态曲线图。

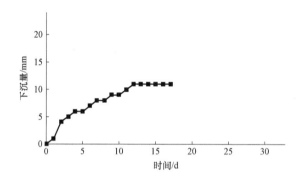

图 6-27　围岩拱顶下沉监测数据时态曲线图

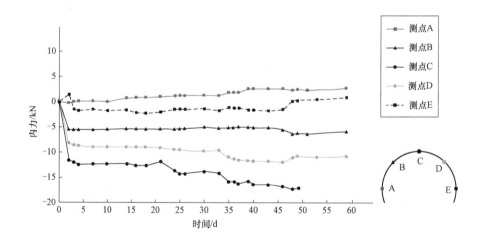

图 6-28　初期支护钢拱架内力时态曲线图

根据公路和铁路隧道施工监测相关规定，选测项目一般至少选取 3 个测点，为了表现出各测点之间的位置关系及相对变化量，选测项目还有另一种形式的时态曲线图，钢支撑内力监测断面时态曲线图如图 6-29 所示。

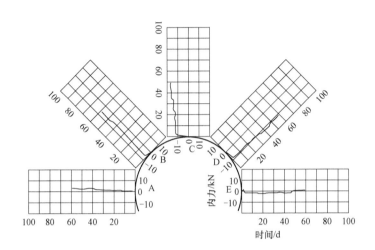

图 6-29 钢支撑内力监测断面时态曲线图

6.5.4 报表功能

报表功能是比较实用的一项功能。系统自动生成的报表，格式统一，效率高，同时错误率也比较低。在使用报表功能后，极大提高了监测工作的效率。

报表分为两种：第一种是周报表，每周报一次；还有一种是所有监测数据测试完毕以后，对所有监测数据生成的一张总成果表，如图 6-30 所示。

同时，不同的监测项目有不同的报表格式。本书分别以拱顶下沉和围岩压力为例，生成不同形式的报表，如图 6-31 和图 6-32 所示。

围岩压力量测成果表

建设单位：安徽省高速公路总公司　　　　监理单位：安徽高等级公路工程监理有限公

承 包 人：中铁十一局四公司　　　　　　监测单位：中铁十一局四公司

隧道名称：佛岭隧道5标段　　　　　　　　断面桩号：ZK25+850

量测日期	量测天数	压力					备注
		测点1	测点2	测点3	测点4	测点5	
2010-02-03	0.0	31.4	145.6	26.0	1.7	7.5	第一次量测
2010-02-04	1.0	45.6	14.5	24.5	4.8	4.1	
2010-02-05	2.0	12.0	8.74	12.5	4.58	1.5	
2010-02-06	3.0	14.5	4.7	58.0	4.2	14.7	
2010-02-07	4.0	-21.4	-14.52	4.5	1.2	45.0	
2010-02-08	5.0	-145.2	-24.58	1.4	-1.4	47.8	
2010-02-09	6.0	-154.6	-6.0	1.8	-1.8	75.8	
2010-02-10	7.0	-211.0	-6.8	1.2	-12.0	59.3	
2010-02-11	8.0	-21.0	-13.1	1.7	-19.0	61.2	
2010-02-12	9.0	-22.7	-99.7	10.0	-5.8	56.4	
2010-02-13	10.0	5.0	5.0	5.0	5.0	5.0	
2010-02-14	11.0	5.0	5.0	5.0	5.0	5.0	
2010-02-15	12.0	5.0	5.0	5.0	5.0	5.0	
2010-02-16	13.0	-23.41	-95.8	11.3	-3.2	56.2	
2010-02-20	17.0	-28.0	-11.9	-4.0	-13.0	57.9	
2010-02-21	18.0	-28.0	-12.8	-5.0	-14.0	57.6	
2010-02-22	19.0	-29.0	-11.9	-6.0	-15.0	58.3	
2010-02-23	20.0	-29.0	-273.9	-7.0	-18.0	57.8	
2010-02-24	21.0	-29.0	-12.9	-7.0	-18.0	57.3	
2010-02-25	22.0	-28.0	-12.7	-7.0	-16.0	56.9	
2010-02-26	23.0	-29.0	-13.7	-7.0	-19.0	56.8	

图6-30　总成果表示例

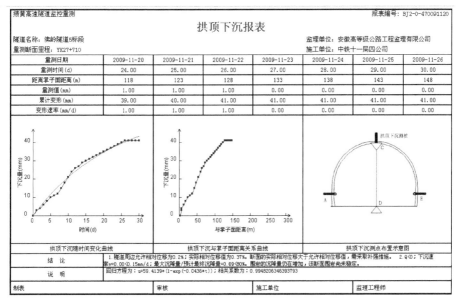

图6-31 拱顶下沉报表（周报表）

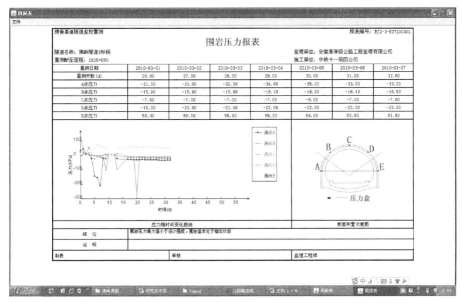

图6-32 围岩压力报表（周报表）

6.5.5 监测数据分析与预测专家库

公路隧道施工中的监控量测数据必须通过量化分析或经验比对，才能反映施工过程中的问题并给出相应对策。本系统设计出分析与预测专家库功能模块来完成这个工作。依据规范规定和其他理论研究成果，不同监测项目的数据分析方法是不同的，系统通过程序语言算法来完成分析和预测过程，最终实现分析与预测专家库功能模块。

系统在主窗口中显示分析与预测的结论。在主窗口视图选择【分析与预测】，系统自动给出拱顶下沉监测数据分析与预测结论，如图 6-33 所示。

拱顶下沉和水平收敛都是对位移的监测，通过 4 个方面来分析。

图 6-33 拱顶下沉监测数据分析与预测结论

对于选测项目，比如围岩压力等，通常是将测试物理量（比如内力）与设计强度相比较，当物理量监测值大于设计强度时，系统将判定其失稳。围岩压力监测数据分析与反馈结论如图 6-34 所示。

图 6-34 围岩压力监测数据分析与反馈结论

系统生成的监测数据周报表"结论"一栏中也显示分析与预测专家库结论的内容，如图 6-31 和图 6-32 所示。将监测数据的分析与预测结论直接显示在周报表中，直观明确，便于施工方或设计方充分了解施工过程中围岩和结构的稳定状况，指导隧道安全施工。

6.6 公路隧道施工智能辅助决策系统研究[5]

6.6.1 系统功能与总体设计

结合安徽省绩（溪）黄（山）和宁（国）绩（溪）高速公路隧道群施工，采用结构化编程思想，并引入人工智能技术，在对隧道施工期围岩快速分级、光面爆破工艺参数优化和监控量测信息管理深入研究的基础上，将研究成果集成化，开发隧道施工智能辅助决策系统可视化软件，为今后类似公路隧道动态设计和信息化施工提供借鉴指导。

1）系统功能

采用 Java 编程，按结构化程序设计思路研制 Windows 系统下的隧道施工期围岩快速分级模块、光面爆破工艺参数优化模块，并与隧道施工监测信息管理系统模块集成，形成隧道施工期围岩快速分级、光面爆破工艺参数优化和监测信息管理三大功能模块的公路隧道施工智能辅助决策系统程序，程序具备可视化、自动化和智能化的优点，界面友好，人机交互，方便用户操作。

针对目前国内山岭隧道新奥法施工工法进行系统的需求分析，得出系统需要实现的功能。

（1）友好的用户界面，设计简单实用的表单，采用 Windows 平台的命令按钮进行操作。采用方便灵活的下拉式菜单实现系统的菜单结构。

（2）根据需求分析，按照决策系统的要求，为系统设计一个结构合理、使用方便、效率较高的数据库及其应用系统。

（3）根据文献[5]第二章建立的隧道施工期围岩级别与分级指标之间的指数函数数学模型，编写围岩快速分级功能模块。

（4）根据文献[5]第四章建立的围岩物理力学参数、光面爆破工艺参数、围岩级别、埋深与爆破后拱顶下沉量、超欠挖及松动圈之间的非线性 PSO-BP 智能模型，按有约束多目标规划算法编制隧道光面爆破工艺参数优化功能模块。

2）系统总体设计

以需求分析为基础的总体设计具有其优越性，可以站在全局高度上，花较少成本，从较抽象的层次上分析对比多种可能的系统实现方案，从中选出最佳方案和最合理的软件结构。

系统总体设计图如图 6-35 所示。

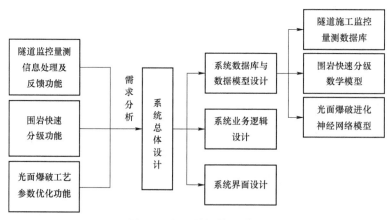

图 6-35　系统总体设计图

总体设计采用结构化设计法。针对不同的功能模块（包括隧道监控量测信息管理及反馈模块、围岩快速分级模块和光面爆破工艺参数优化模块），从结构上将系统的整体设计过程划分为系统数据库与数据模型设计、系统业务逻辑设计及系统界面设计三部分。其中，系统数据库与数据模型设计的主要工作是定义和设计数据库和数学模型，以存储监测数据，建立围岩快速分级和光面爆破的优化模型；系统业务逻辑设计主要用于处理用户下达的指令，如用户执行查询操作时，系统将从数据库中调用数据并显示；系统界面设计则是设计简单易用的界面，方便用户操作。

6.6.2　隧道施工期围岩快速分级模块

1. 隧道施工期围岩快速分级模块中的数据库与数据模型设计

隧道施工期围岩快速分级模块中需要进行数据库设计与数据模型设计两部分内容。

数据库用于存储不同监测断面上涉及围岩快速分级的各种信息，以Access 数据库中数据表的形式完成。具体方法为：在 Access 数据库中新建一个名为 RockClassfy 的数据表，包含如下字段。

（1）RockClassfyID，数据类型为"自动编号"，作为每条记录的主键，用于区别不同的记录。

（2）monitDate，数据类型为"日期/时间"，用于存储围岩快速分级的时间。

（3）TunnelName，数据类型为"文本"，用于存储隧道名称。

（4）ConstractCo，数据类型为"文本"，用于存储建设单位名称。

（5）SectionName，数据类型为"文本"，用于存储断面名称。

x1、x2、x3、x4、x5、x6、x7、x8、x9、x10，数据类型为"数字"，用于存储测量数据，依次表示掌子面岩石回弹强度、节理延展性、JRC、体积节理数、主要节理面倾角、隧道轴线方位角、主要结构面走向与洞轴线夹角、地下水、掌子面状态和地应力这 10 个分级指标的值。

数据模型设计则是将文献[5]的 2.5 节提出的围岩智能分级模型以程序语言的方式表示出来。具体设计方法为：在 Java 编程环境下新建一个 RockClassfy 类，RockClassfy 类中包含属性和方法。其中属性为程序运行时计算机内存中保存的围岩快速分级信息，除了包含数据表 RockClassfy 中的各项信息外，还包含核函数的核参数值。方法则是采用程序语言描述的用于计算围岩快速分级的最优显式数学方程。

隧道施工期围岩快速分级模块中数据库与数据模型设计的基本结构如图 6-36 所示。

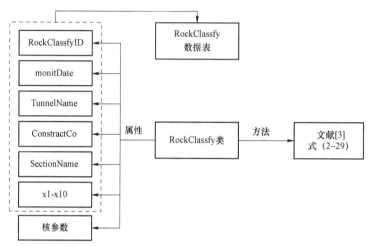

图 6-36　隧道施工期围岩快速分级模块中数据库与数据模型设计的基本结构

2. 隧道施工期围岩快速分级模块中的业务逻辑设计

隧道施工期围岩快速分级模块中的业务逻辑设计包括建立与数据库的连接、读取数据、修改数据、存储新数据、删除数据、接收用户输入的数据、计算及打印报表等。这些业务逻辑的实现与隧道施工监控量测信息处理及反馈功能模块中的业务逻辑设计基本类似，对于设计细节此处不再赘述。需要注意的一点是，在这一阶段的工作中采用了设计模式中的"观察者模式"。

本模块中采用观察者模式的目的是保证数据在不同的界面上保持同步性和一致性。比如，用户在计算界面输入数据并计算后，得到一个围岩快速分级的结果，之后打开了打印界面准备打印，但此时用户发现了一个输入错误，于是返回计算界面修改输入数据并重新计算。此时计算界面与之前打开的打印界面中显示的数据是不一致的。观察者模式可以比较好地解决该问题。

观察者模式属于行为型模式，定义对象间一对多的依赖关系，一旦其中某一个对象的状态发生改变，所有依赖于它的对象都能接到通知并自动更新。

在制作系统的过程中，将系统分割成一系列相互协作的类有一个常见的弊端：需要维护相关对象间的一致性。为了维持一致性而使各类紧密耦合会降低其可重用性。这一个模式的关键对象是目标（subject）和观察者（observer）。一个目标可以有任意数目的依赖于它的观察者，一旦目标状态发生改变，所有的观察者都接到通知，每个观察者都将查询目标以使其状态与目标的状态同步。这种交互也称为发布-订阅模式。目标发布通知，其发出通知时并不需要知道谁是他的观察者，可以有任意数量的观察者订阅并接收通知。

在本模块中，RockClassfy 类为目标（或被观察对象，subject），计算界面（Calculater）和打印界面（Printer）为观察者（observer）。当用户修改输入数据后，RockClassfy 类发生改变，并通知计算界面（Calculater）和打印界面（Printer）做出响应并进行数据更新，从而保证该数据的同步性与一致性。

3. 隧道施工期围岩快速分级模块中的界面设计

隧道施工期围岩快速分级模块界面如图 6-37 所示。在输入分级所需的指标值后，单击【保存】按钮，程序可以直接给出计算围岩级别值，如需修改分级指标值，单击【重置】按钮可以重新输入分级指标值；单击【图片】按钮可以打开计算机上存储的掌子面数码照片；在所有这些工作完成后，单击【打印】按钮可以直接生成如图 6-38 所示的围岩快速分级报告，并联机打印分级报告，为现场围岩快速分级工作提供方便。

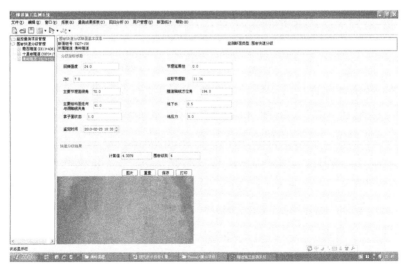

图 6-37　隧道施工期围岩快速分级模块界面

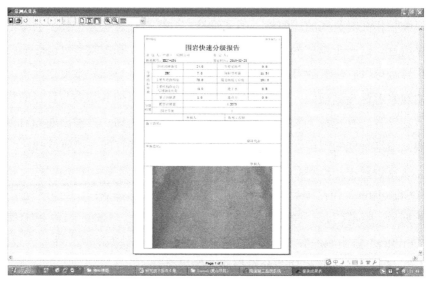

图 6-38 围岩快速分级报告

6.6.3 光面爆破工艺参数优化模块

1. 光面爆破工艺参数优化模块中的数据模型设计

根据 3.4 节中的理论分析可知，光面爆破工艺参数优化模块设计中的关键点为粒子群优化算法与 BP 神经网络的结合。在实际使用过程中，优化后的 BP 神经网络不会被改变，因此本模块不需要进行数据库的设计，但对 BP 神经网络数据模型的程序化及保存提出了更高的要求。

在 Java 编程环境下，新建一个 BpNet 类，该类用于描述优化后的 BP 神经网络。BpNet 类的属性中包含了 BP 神经网络的各项参数，如输入节点数（inNum）、隐含节点数（hideNum）、输出节点数（outNum）、输入向量（x[]）、隐含节点状态值（x1[]）、输出节点状态值（x2[]）、隐含节点权值（w[][]）、输出节点权值（w1[][]）、输入层-隐含层的权值学习率（hiderate）、隐含层-输出层的权值学习率（rate_w1）、隐含层阈值学习率（rate_b1）、输出层阈值学习率（rate_b2）、隐含节点阈值（b1[]）、输出节点阈值（b2[]）等，括号内为程序中使用的参数名或数组名。BpNet 类的方法中包含了 BP 神经网络的基本功能，如 BP 神经控制器算法训练函数（train[]）、BP 神经控制器算法模拟计算函数（sim[]）等，括号内为程序中使用的方法名。

在常见的 BP 神经网络优化方法中，通常仅保存需要优化的参数，如隐含节点数、权值学习率等。但这样可能会造成计算结果的不稳定性。为解决该问题，本设计采用了 Java 中的对象流来保存整个 BpNet 对象，这一过程称为对象序列化，具体方法为：①在 BpNet 类中实现 Serializable 接口；②将优化后的 BpNet 对象序列化；③把 BpNet 对象的字节序列永久地保存到硬盘上，在本设计中保存为 bp.net 文件。调用该 BP 神经网络时的过程称为对象反序列化，其步骤为：①新建一个 BpNet 对象；②从硬盘中读取保存优化后的 BP 神经网络的文件，如本设计中的 bp.net 文件；③通过对象输入流将文本形式的对象反序列化，并赋值给新建的 BpNet 对象。

2. 光面爆破工艺参数优化模块中的业务逻辑设计

光面爆破工艺参数优化模块中的业务逻辑设计包括优化 BP 神经网络、保存 BP 神经网络、读取 BP 神经网络、接收用户输入的数据、优化光面爆破工艺参数、输出计算结果等。该过程中的设计重点是对 BP 神经网络的优化，以建立隧道光面爆破输入参数与输出参数之间的最优 BP 神经网络智能映射模型，光面爆破工艺参数优化的 PSO-BP 模型计算流程图如 6-39 所示。

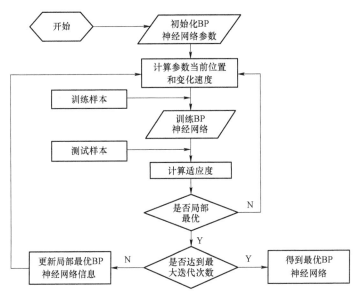

图 6-39 光面爆破工艺参数优化的 PSO-BP 模型计算流程图

3. 光面爆破工艺参数优化模块中的界面设计

光面爆破工艺参数优化模块界面如图 6-40 所示。在输入所需优化断面的岩石饱和单轴抗压强度、弹性模量、泊松比、埋深、围岩等级、是否硬质围岩（饱和单轴抗压强度是否大于 30 MPa）、隧道宽度 7 项指标值后，单击【优化】按钮，程序可以直接给出最优的周边眼间距、辅助眼间距、最小抵抗线、装药集中度、不耦合系数，并输出相应的允许最大拱顶下沉，计算拱顶下沉量、超欠挖、松动圈。

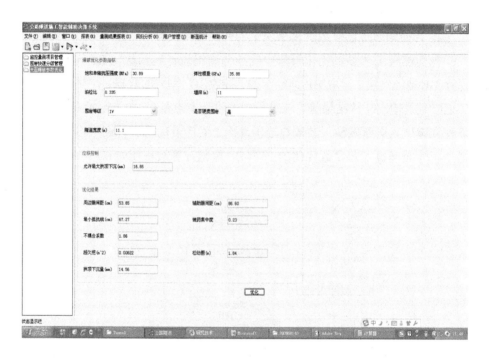

图 6-40 光面爆破工艺参数优化模块界面

公路隧道施工智能辅助决策系统主界面和围岩快速分级模块进入后界面如图 6-41、图 6-42 所示。

图6-41 公路隧道施工智能辅助决策系统主界面

图6-42 公路隧道施工智能辅助决策系统围岩快速分级模块进入后界面

4. 小结

通过对公路隧道施工智能辅助决策系统开发环境及程序功能模块的介绍，可以看出本系统程序取得了如下成果。

（1）从整体功能上看，本系统集成了监测信息管理及反馈、围岩快速分级、光面爆破工艺参数优化三大功能模块。

（2）本系统程序具有界面友好、操作简单的优点，且所有功能都能实现联机打印，为办公自动化提供极大便利。

（3）在系统程序中的围岩快速分级模块可以为现场围岩快速分级工作提供极大的方便。

（4）在系统提供围岩快速分级的基础上，系统程序中的光面爆破工艺参数优化模块可以快速方便地进行该断面处的光面爆破工艺参数优化。

（5）光面爆破施工完成后，系统程序中的监测信息管理与反馈模块可以快速准确地进行该断面处的监测信息处理与反馈分析，整个系统具有高度智能化和自动化的优点，可快速形成施工意见以指导施工。

参考文献

[1] 冯夏庭. 智能岩石力学导论[M]. 北京：科学出版社，2000.

[2] 刘开云. 隧道工程信息化设计与智能分析方法研究[D]. 北京：北京交通大学，2005.

[3] 徐冲. 分岔隧道设计施工优化与稳定性评价[D]. 北京：北京交通大学，2011.

[4] 宋威，刘开云，梁军平，等. 基于免疫多输出支持向量回归算法的隧道工程位移反分析新方法[J]. 北京：铁道学报，2022，44（2）：126-134.

[5] 方昱. 山岭隧道动态设计与施工智能辅助决策系统研究[D]. 北京：北京交通大学，2016.

[6] VAPNIK V N, The nature of statistical learning theory[M]. New York：Springer-Verlag，1995.

[7] 刘开云，乔春生，滕文彦. 边坡位移非线性时间序列采用支持向量机算法的智能建模与预测研究[J]. 岩土工程学报，2004，26（1）：57-61.

[8] 田执祥，乔春生，滕文彦，等. 基于支持向量机的隧道变形预测方法[J]. 中国铁道科学，2004，25（1）：86-90.

[9] 刘开云，乔春生，田盛丰，等. 边坡角设计的支持向量机建模与精度影响因素研究[J]. 岩石力学与工程学报，2005，24（2）：328-335.

[10] 魏莉萍. 隧道工程喷锚支护的案例设计研究及其与专家系统、神经元网络综合的研究[D]. 北京：北方交通大学，1999.

[11] 汤劲松，乔春生. 隧道锚喷支护设计的神经元网络方法[J]. 中国公路学报，2002，15（3）：68-72.

[12] 焦李成，杜海峰. 人工免疫系统进展与展望[J]. 电子学报，2003，31（10）：1540-1548.

[13] SANCHEZ F M，DEPRADO C M，ARENAS G J，et al. SVM multiregression

for nonlinear channel estimation in multiple-input multiple-output systems[J]. IEEE Transactions on Signal Processing，2004，52（8）：2298－2307.

[14] 刘开云，乔春生，刘保国. 基于遗传－广义回归神经元算法的坞石隧道三维弹塑性位移反分析研究[J]. 岩土力学，2009，30（6）：1805－1809.

[15] 刘开云，乔春生，刘保国. 基于改进 GA-SVR 算法的隧道工程智能信息化设计研究[J]. 铁道学报，2008，30（4）：71－78.

[16] 方昱，刘保国，刘开云. 隧道围岩分级的遗传－支持向量分类耦合模型[J]. 铁道学报，2013，35（1）：108－114.

[17] LIU K Y，LIU B G，FANG Y. An intelligent model based on statistical learning theory for engineering rock mass classification[J]. Bulletin of Engineering Geology and the Environment，2018，（78）：4533－4548.

[18] RASMUSSEN C E，WICLAMSC K I. Gaussian processes for machine learning[M]. Massachusettes: the MIT Press, 2006.

[19] 刘开云，方昱，刘保国. 基于进化高斯过程回归算法的隧道工程弹塑性模型参数反演[J]. 岩土工程学报，2011，33（6）：883－889.

[20] 刘开云，方昱，刘保国，等. 隧道围岩变形预测的进化高斯过程回归模型[J]. 铁道学报，2011，33（12）：101－106.

[21] LIU K Y，LIU B G. Intelligent information-based construction in tunnel engineering based on the GA and CCGPR coupled algorithm[J]. Tunnelling and Underground Space Technology，2019，88（6）：113－128.

[22] 徐冲，刘保国，刘开云，等. 基于粒子群－高斯过程回归耦合算法的滑坡位移时序分析预测智能模型[J]. 岩土力学，2011，32（6）：1669－1675.

[23] 徐冲，刘保国，刘开云，等. 基于组合核函数的高斯过程边坡角智能设计[J]. 岩土力学，2010，31（3）：821－826.

[24] 赵雷，朱晓旭. 面向对象程序设计基础[M]. 北京：机械工业出版社，2003.

[25] 刘志峰. 软件工程技术与实践[M]. 北京：电子工业出版社，2004.

[26] 汪作文. 软件工程[M]. 重庆：重庆大学出版社，2004.

[27] 王珍玲. 实用软件工程教程[M]. 北京：中国劳动社会保障出版社，2004.

[28] 陆惠恩. 软件工程基础[M]. 北京：人民邮电出版社，2005.

[29] 徐兰芳，彭冰，吴永英. 数据库设计与实现[M]. 上海：上海交通大学出

版社，2006.

[30] 《数据库原理与技术操作教程》编委会. 数据库原理与技术操作教程[M]. 西安：西北工业大学出版社，2003.

[31] 王浩，吴振君，汤华，等. 地下厂房监测信息管理、预测系统的设计与应用[J]. 岩土力学，2006，27（1）：163-167.

[32] 王浩，葛修润，邓建辉，等. 隧道施工期监测信息管理系统的研制[J]. 岩石力学与工程学报，2001，20（增）：1684-1686.

[33] 吴振君，王浩，王水林，等. 分布式基坑监测信息管理与预警系统的研制[J]. 岩土力学，2008，29（9）：2503-2507.

[34] 郑百功，佴磊，汪茜，等. 公路隧道围岩稳定性评价软件开发与应用[J]. 吉林大学学报（地球科学版），2010，40（5）：1133-1139.

[35] 张强勇，陈晓鹏，刘大文，等. 岩土工程监测信息管理与数据分析网络系统开发及应用[J]. 岩土力学，2009，30（2）：362-366.

[36] 李元海，朱合华. 岩土工程施工监测信息系统初探[J]. 岩土力学，2002，23（1）：103-106.

[37] 许国根，贾瑛，韩启尤. 模式识别与智能计算的 MATLAB 实现[M]. 北京：北京航空航天大学出版社，2012.

[38] 杨淑莹，张桦. 群体智能与仿生计算-Matlab 技术实现[M]. 北京：电子工业出版社，2012.

[39] 刘志俭. MATLAB 应用程序接口用户指南[M]. 北京：科学出版社，2001.

[40] 倪勤. 最优化方法与程序设计[M]. 北京：科学出版社，2015.

[41] 中华人民共和国交通部. 公路隧道设计规范 JTG D70—2004[M]. 北京：人民交通出版社，2004.

[42] 刘开云，刘保国，徐冲. 基于 PSO—BP 算法的隧道非线性位移分析模型[J]. 地下空间与工程学报，2009，5（2）：250-253.

[43] 邢文训，谢金星. 现代优化计算方法[M]. 北京：清华大学出版社，2005.

[44] 徐兴，郭工木，沈永兴. 非线性有限元及程序设计[M]. 杭州：浙江大学出版社，1993.

[45] 赵更新. 土木工程结构分析程序设计[M]. 北京：中国水利水电出版社，2002.